我们在古城楼上

林徽因

Linhuiyin

著

建筑卷

U0302086

辽宁人民出版社

Ⓒ 林徽因　2019

图书在版编目（CIP）数据

我们在古城楼上 / 林徽因著 . —沈阳：辽宁人民
出版社，2019.6
ISBN 978-7-205-09552-9

Ⅰ . ①我… Ⅱ . ①林… Ⅲ . ①建筑学—文集 ②美术—
文集 Ⅳ . ① TU-53 ② J-53

中国版本图书馆 CIP 数据核字（2019）第 051357 号

出版发行：辽宁人民出版社
　　　　　地址：沈阳市和平区十一纬路 25 号　邮编：110003
　　　　　电话：024-23284321（邮　购）024-23284324（发行部）
　　　　　传真：024-23284191（发行部）024-23284304（办公室）
　　　　　http://www.lnpph.com.cn
印　　刷：天津画中画印刷有限公司
幅面尺寸：145mm × 210mm
印　　张：8
字　　数：147 千字
出版时间：2019 年 6 月第 1 版
印刷时间：2019 年 6 月第 1 次印刷
责任编辑：冯　莹
封面设计：主语设计
版式设计：新视点工作室
责任校对：吴艳杰
书　　号：ISBN 978-7-205-09552-9

定　　价：39.80 元

【目录】

建筑卷一

建筑卷一

论中国建筑之几个特征

中国建筑为东方最显著的独立系统，渊源深远，而演进程序简纯，历代继承，线索不紊，而基本结构上又绝未因受外来影响致激起复杂变化者。不止在东方三大系建筑之中，较其它两系——印度及阿拉伯（伊斯兰教建筑）——享寿特长，通行地面特广，而艺术又独臻于最高成熟点。即在世界东西各建筑派系中，相较起来，也是个极特殊的直贯系统。

大凡一例建筑，经过悠长的历史，多参杂外来影响，而在结构，布置乃至外观上，常发生根本变化，或循地理推广迁移，因致渐改旧制，顿易材料外观，待达到全盛时期，则多已

注：原载《中国营造学社汇刊》第 3 卷 1 期，1932 年 3 月，署名：林徽音。

脱离原始胎形，另具格式。独有中国建筑经历极长久之时间，流布甚广大的地面，而在其最盛期中或在其后代繁衍期中，诸重要建筑物，均始终不脱其原始面目，保存其固有主要结构部分，及布置规模，虽同时在艺术工程方面，又皆无可置议的进化至极高程度。更可异的是：产生这建筑的民族的历史却并不简单，且并不缺乏种种宗教上、思想上、政治组织上的叠出变化；更曾经多次与强盛的外族或在思想上和平的接触（如印度佛教之传入），或在实际利害关系上发生冲突战斗。这结构简单，布置平整的中国建筑初形，会如此的泰然，享受几千年繁衍的直系子嗣，自成一个最特殊、最体面的建筑大族，实是一桩极值得研究的现象。

虽然，因为后代的中国建筑，即达到结构和艺术上极复杂精美的程度，外表上却仍呈现出一种单纯简朴的气象，一般人常误会中国建筑根本简陋无甚发展，较诸别系建筑低劣幼稚。

这种错误观念最初自然是起于西人对东方文化的粗忽观察，常作浮躁轻率的结论，以致影响到中国人自己对本国艺术发生极过当的怀疑乃至鄙薄。好在近来欧美迭出深刻的学者对于东方文化慎重研究，细心体会之后，见解已迥异从前，积渐彻底会悟中国美术之地位及其价值。但研究中国艺术尤其是对于建筑，比较是一种新近的趋势。外人论著关于中国建筑的，尚极少好的贡献，许多地方尚待我们建筑家今后急起直追，搜寻材料考据，作有价值的研究探讨，更正外人的许多隔膜和谬解处。

在原则上，一种好建筑必含有以下三要点：实用；坚固；美观。实用者：切合于当时当地人民生活习惯，适合于当地地理环境。坚固者：不违背其主要材料之合理的结构原则，在寻常环境之下，含有相当永久性的。美观者：具有合理的权衡（不是上重下轻巍然欲倾，上大下小势不能支；或孤耸高峙或细长突出等等违背自然律的状态），要呈现稳重，舒适，自然的外表，更要诚实的呈露全部及部分的功用，不事掩饰，不矫揉造作，勉强堆砌。美观，也可以说，即是综合实用、坚稳，两点之自然结果。

一、中国建筑，不容疑义的，曾经包含过以上三种要素。所谓曾经者，是因为在实用和坚固方面，因时代之变迁已有疑问。近代中国与欧西文化接触日深，生活习惯已完全与旧时不同，旧有建筑当然有许多跟着不适用了。在坚稳方面，因科学发达结果，关于非永久的木料，已有更满意的代替，对于构造亦有更经济精审的方法。以往建筑因人类生活状态时刻推移，致实用方面发生问题以后，仍然保留着它的纯粹美术的价值，是个不可否认的事实。

和埃及的金字塔，希腊的巴瑟农庙（Parthenon）一样，北京的坛，庙，宫，殿，是会永远继续着享受荣誉的，虽然它们本来实际的功用已经完全失掉。纯粹美术价值，虽然可以脱离实用方面而存在，它却绝对不能脱离坚稳合理的结构原则而独立的。因为美的权衡比例，美观上的多少特征，全是人的理智技巧，在物理的限制之下，合理地解决了结构上所发生的种种问题的自然结果。

二、人工制造和天然趋势调和至某程度，便是美术的基本，设施雕饰于必需的结构部分，是锦上添花；勉强结构纯为装饰部分，是画蛇添足，足为美术之玷。中国建筑的美观方面，现时可以说，已被一般人无条件地承认了。但是这建筑的优点，绝不是在那浅现的色彩和雕饰，或特殊之式样上面，却是深藏在那基本的，产生这美观的结构原则里，及中国人的绝对了解控制雕饰的原理上。

我们如果要赞扬我们本国光荣的建筑艺术，则应该就它的结构原则，和基本技艺设施方面稍事探讨；不宜只是一味的，不负责任，用极抽象，或肤浅的诗意美谀，披挂在任何外表形式上，学那英国绅士骆斯肯（Ruskin）对高矗式（Gothic）建筑，起劲的唱些高调。

建筑艺术是个在极酷刻的物理限制之下，老实的创作。人类由使两根直柱架一根横楣，而能稳立在地平上起，至建成重楼层塔一类作品，其间辛苦艰难的展进，一部分是工程科学的进境，一部分是美术思想的活动和增富。这两方面是在建筑进步的一个总题之下，同行并进的。虽然美术思想这边，常常背叛他们的共同目标——创造好建筑——脱逾常轨，尽它弄巧的能事，引诱工程方面牺牲结构上诚实原则，来将就外表取巧的地方。在这种情形之下时，建筑本身常被连累，损伤了真的价值。在中国各代建筑之中，也有许多这样的证例，所以在中国一系列建筑之中的精品，也是极罕有难得的。

大凡一派美术都分有创造，试验，成熟，抄袭，繁衍，堕落诸期，建筑也是一样。初期作品创造力特强，含有试验性。至试验成功，成绩满意，达尽善尽美程度，则进到完全成熟期。成熟之后，必有相当时期因承相袭，不敢，也不能，逾越已有的则例；这期间常常是发生订定则例章程的时候。再来便是在琐节上增繁加富，以避免单调，冀求变换，这便是美术活动越出目标时。

这时期始而繁衍，继则堕落，失掉原始骨干精神，变成无意义的形式。堕落之后，继起的新样便是第二潮流的革命元勋。第二潮流有鉴于已往作品的优劣，再研究探讨第一代的精华所在，便是考据学问之所以产生。

中国建筑的经过，用我们现有的，极有限的材料作参考，已经可以略略看出各时期的起落兴衰。我们现在也已走到应作考察研究的时代了。在这有限的各朝代建筑遗物里，很可以观察，探讨其结构和式样的特征，来标证那时代建筑的精神和技艺，是兴废还是优劣。但此节非等将中国建筑基本原则分析以后，是不能有所讨论的。在分析结构之前，先要明了的是主要建筑材料，因为材料要根本影响其结构法的。

中国的主要建筑材料为木，次加砖石瓦之混用。外表上一座中国式建筑物，可明显的分作三大部：台基部分；柱梁部分；屋顶部分。台基是砖石混用。由柱脚至梁上结构部分，直接承托屋顶者则全是木造。屋顶除少数用茅茨，竹片，泥砖之外自然全是用瓦。而这三部分——台基，柱梁，屋顶——可以说是我们建筑最初胎形的基本要素。

《易经》里"上古穴居而野处，后世圣人易之以宫室，上栋下宇，以待风雨"。还有《史记》里："尧之有天下也，堂高三尺……"可见这"栋""宇"及"堂"（基）在最古建筑里便占定了它们的部位势力。自然最后经过繁重发达的是"栋"——那木造的全部，所以我们也要特别注意。

木造结构，我们所用的原则是"架构制"Framing System。

在四根垂直柱的上端，用两横梁两横枋周围牵制成一"间架"（梁与枋根本为同样材料，梁较枋可略壮大。在"间"之左右称栿或梁，在间之前后称枋）。再在两梁之上筑起层叠的梁架以支横桁，桁通一"间"之左右两端，从梁架顶上"脊瓜柱"上次第降下至前枋上为止。桁上钉椽，并排栉篦，以承瓦板，这是"架构制"骨干的最简单的说法。总之"架构制"之最负责要素是：（一）那几根支重的垂直立柱；（二）使这些立柱，互相发生联络关系的梁与枋；（三）横梁以上的构造：梁架，横桁，木椽，及其它附属木造，完全用以支承屋顶的部分。

"间"在平面上是一个建筑的最低单位。普通建筑全是多间的且为单数。有"中间"或"明间""次间""稍间""套间"等称。

中国"架构制"与别种制度（如高矗式之"砌栱制"，或西欧最普通之古典派"垒石"建筑）之最大分别：（一）在支重部分之完全倚赖立柱，使墙的部分不负结构上重责，只同门窗隔屏等，尽相似的义务——间隔房间，分划内外而已。（二）立柱始终保守木质不似古希腊之迅速代之以垒石柱，且增加负重墙（Bearing wall），致脱离"架构"而成"垒石"制。

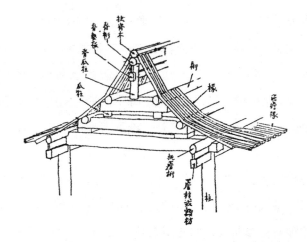

　　这架构制的特征，影响至其外表式样的，有以下最明显的几点：（一）高度无形的受限制，绝不出木材可能的范围。（二）即极庄严的建筑，也是呈现绝对玲珑的外表。结构上既绝不需要坚厚的负重墙，除非故意为表现雄伟的时候，酌量增用外（如城楼等建筑），任何大建，均不需墙壁堵塞部分。（三）门窗部分可以不受限制，柱与柱之间可以完全安装透光线的细木作——门屏窗牖之类。实际方面，即在玻璃未发明以前，室内已有极充分光线。北方因气候关系，墙多于窗，南方则反是，可伸缩自如。

　　这不过是这结构的基本方面，自然的特征。还有许多完全是经过特别的美术活动，而成功的超等特色，使中国建筑占极高的美术位置的，而同时也是中国建筑之精神所在。这些特色最主要的便是屋顶、台基、斗栱、色彩和均称的平面布置。

屋顶本是建筑上最实际必需的部分，中国则自古，不殚烦难的，使之尽善尽美。使切合于实际需求之外，又特具一种美术风格。屋顶最初即不止为屋之顶，因雨水和日光的切要实题，早就扩张出檐的部分。使檐突出并非难事，但是檐深则低，低则阻碍光线，且雨水顺势急流，檐下溅水问题因之发生。

为解决这个问题，我们发明飞檐，用双层瓦椽，使檐沿稍翻上去，微成曲线。又因美观关系，使屋角之檐加甚其仰翻曲度。这种前边成曲线，四角翘起的"飞檐"，在结构上有极自然又合理的布置，几乎可以说它便是结构法所促成的。

如何是结构法所促成的呢？简单说：例如"庑殿"式的屋瓦，共有四坡五脊。正脊寻常称房脊，它的骨架是脊桁。那四根斜脊，称"垂脊"，它们的骨架是从脊桁斜角，下伸至檐桁上的部分，称由戗及角梁。桁上所钉并排的椽子虽像全是平行的，但因偏左右的几根又要同这"角梁平行"，所以椽的部位，乃由真平行而渐斜，像裙裾的开展。

角梁是方的，椽为圆径（有双层时上层便是方的，角梁双层时则仍全是方的）。角梁的木材大小几乎倍于椽子，到椽与角梁并排时，两个的高下不同，以致不能在它们上面铺钉平板，故此必需将椽依次的抬高，令其上皮同角梁上皮平，在抬高的几根椽子底下填补一片三角形的木板称"枕头木"。

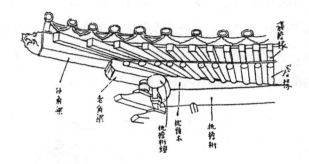

　　这个曲线在结构上几乎不可信的简单和自然，而同时在美观方面不知增加多少神韵。飞檐的美，绝用不着考据家来指点的。不过注意那过当和极端的倾向常将本来自然合理的结构变成取巧与复杂。

　　这过当的倾向，外表上自然也呈出脆弱、虚张的弱点，不为审美者所取，但一般人常以为愈巧愈繁必是愈美，无形中多鼓励这种倾向。

　　南方手艺灵活的地方，过甚的飞檐便是这种证例。外观上虽是浪漫的姿态，容易引诱赞美，但到底不及北方的庄重恰当，合于审美的最真纯条件。

　　屋顶曲线不止限于挑檐，即瓦坡的全部也不是一片直坡倾斜下来，屋顶坡的斜度是越往上越增加。这斜度之由来是依着梁架叠层的加高，这制度称做"举架法"。这举架的原则极其明显，举架的定例也极简单，只是叠次将梁架上瓜柱增高，尤其是要脊瓜柱特别高。使檐沿作仰翻曲度的方法，在增加第二层檐椽，这层檐甚短，只驮在头檐椽上面，再出挑一节。这样则檐的出挑虽加远，而不低下阻蔽光线。

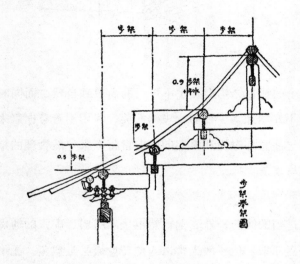

总的说起来，历来被视为极特异神秘之屋顶曲线，并没有什么超出结构原则，和不自然造作之处，同时在美观实用方面均是非常的成功。这屋顶坡的全部曲线，上部巍然高举，檐部如翼轻展，使本来极无趣，极笨拙的屋顶部，一跃而成为整个建筑的美丽冠冕。

在《周礼》里发现有"上欲尊而宇欲卑；上尊而宇卑，则吐水疾而雷远"之句。这句可谓明晰的写出实际方面之功效。

既讲到屋顶，我们当然还是注意到屋瓦上的种种装饰物。上面已说过，雕饰必是设施于结构部分才有价值，那么我们屋瓦上的脊瓦吻兽又是如何？脊瓦可以说是两坡相联处的脊缝上一种镶边的办法，当然也有过当复杂的，但是诚实的来装饰一个结构部分，而不肯勉强的来掩饰一个结构枢纽或关节，是中国建筑最长之处。

瓦上的脊吻和走兽，无疑的，本来也是结构上的部分。现时的龙头形"正吻"古称"鸱尾"，最初必是总管"扶脊木"和脊桁等部分的一块木质关键，这木质关键突出脊上，略作鸟形，后来略加点缀竟然刻成鸱鸟之尾，也是很自然的变化。其所以为鸱尾者还带有一点象征意义，因有传说鸱鸟能吐水，拿它放在瓦脊上可制火灾。

走兽最初必为一种大木钉，通过垂脊之瓦，至"由戗"及"角梁"上，以防止斜脊上面瓦片的溜下，唐时已变成两座"宝珠"，在今之"戗兽"及"仙人"地位上。后代鸱尾变成"龙吻"，宝珠变成"戗兽"及"仙人"，尚加增"戗兽""仙人"之间一列"走兽"，也不过是雕饰上变化而已。并且垂脊上戗兽较大，结束"由戗"一段，底下一列走兽装饰在角梁上面，显露基本结构上的节段，亦甚自然合理。

南方屋瓦上多加增极复杂的花样，完全脱离结构上任务纯粹的显示技巧，甚属无聊，不足称扬。

外国人因为中国人屋顶之特殊形式，迥异于欧西各派，早多注意及之。论说纷纷，妙想天开。有说中国屋顶乃根据游牧时代帐幕者，有说象形蔽天之松枝者，有目中国飞檐为怪诞者，有谓中国建筑类儿戏者，有的全由走兽龙头方面，无谓的探讨意义，几乎不值得在此费时反证，总之这种曲线屋顶已经从结构上分析了，又从雕饰设施原则上审察了，而其美观实用方面又显著明晰，不容否认。我们的结论实可以简单的承认它艺术上的大成功。

中国建筑的第二个显著特征，并且与屋顶有密切关系的，便是，"斗栱"部分。最初檐承于椽，椽承于檐桁，桁则架于梁墙。此梁端即是由梁架延长，伸出柱的外边。但高大的建筑物出檐既深，单指梁端支持，势必不胜，结果必产生重叠木"翘"支于梁端之下。但单借木翘不够担全檐沿的重量，尤其是建筑物愈大，两柱间之距离也愈远，所以又生左右岔出的横"栱"来接受檐桁。这前后的木翘，左右的横栱，结合而成的"斗栱"全部（在栱或翘昂的两端和相交处，介于上下两层栱或翘之间的斗形木块称"枓"）。"昂"最初为又一种之翘，后部斜伸出斗栱后用以支"金桁"。

斗栱是柱与屋顶的过渡部分。伸支出的房檐的重量渐次集中下来直到柱的上面。斗栱的演化，每是技巧上的进步，但是后代斗栱（约略从宋元以后），便变化到非常复杂，在结构上已有过当的部分，部位上也有改变。本来斗栱只限于柱的上面（今称柱头斗），后来为外观关系，又增加一攒所谓"平身科"者，在柱与柱之间。明清建筑上平身科加增到六七攒，排成一列，完全成为装饰品，失去本来功用。"昂"之后部功用亦废除，只余前部形式而已。

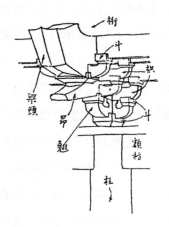

不过当复杂的斗栱，的确是柱与檐之间最恰当的关节，集中横展的屋檐重量，到垂直的立柱上面，同时变成檐下的一种点缀，可作结构本身变成装饰部分的最好条例。可惜后代的建筑多减轻斗栱的结构上重要，使之几乎纯为奢侈的装饰品，令中国建筑失却一个优越的中坚要素。

斗栱的演进式样和结构限于篇幅，不能再仔细述说，只能就它的极基本原则上在此指出它的重要及优点。斗栱以下的最重要部分，自然是柱，及柱与柱之间的细巧的木作。魁伟的圆柱和细致的木刻门窗对照，又是一种艺术上的满意之点。不止如此，因为木料不能经久的原始缘故，中国建筑又发生了色彩的特征。

涂漆在木料的结构上为的是：（一）保存木质抵制风日雨水，（二）可牢结各处接合关节，（三）加增色彩的特征。这又是兼收美观实际上的好处，不能单以色彩作奇特繁华之表现。

彩绘的设施在中国建筑上，非常之慎重，部位多限于檐下结构部分，在阴影掩映之中。主要彩色亦为"冷色"如青蓝碧绿，有时略加金点。其它檐以下的大部分颜色则纯为赤红，与檐下彩绘正成反照。中国人的操纵色彩可谓轻重得当。设使滥用彩色于建筑全部，使上下耀目辉煌，必成野蛮现象，失掉所有庄严和调谐。别系建筑颇有犯此忌者，更可见中国人有超等美术见解。

至彩色琉璃瓦产生之后，连黯淡无光的青瓦，都成为片片堂皇的黄金碧玉，这又是中国建筑的大光荣，不过滥用杂色瓦，也是一种危险，幸免这种引诱，也是我们可骄傲之处。

还有一个最基本结构部分——台基——虽然没有特别可议

论称扬之处，不过在全个建筑上看来，有如许壮伟巍峨的屋顶，如果没有特别舒展或多层的基座托衬，必显出上重下轻之势，所以既有那特种的屋顶，则必需有这相当的基座，架构建筑本身轻于垒砌建筑，中国又少有多层楼阁，基础结构颇为简陋，大建筑的基座加有相当的石刻花纹，这种花纹的分配似乎是根据原始木质台基而成，积渐施之于石。与台基连带的有石栏，石阶，辇道的附属部分，都是各有各的功用而同时又都是极美的点缀品。

最后的一点关于中国建筑特征的，自然是它的特种的平面布置。平面布置上最特殊处是绝对本着均衡相称的原则，左右均分的对峙。这种分配倒并不是由于结构，主要原因是起于原始的宗教思想和形式，社会组织制度，人民俗习，后来又因喜欢守旧仿古，多承袭传统的惯例。结果均衡相称的原则变成中国特有的一个固执嗜好。

例外于均衡布置建筑，也有许多。因庄严沉闷的布置，致激起故意浪漫的变化；此类若园庭、别墅，宫苑楼阁者是平面上极其曲折变幻，与对称的布置正相反其性质。中国建筑有此两种极端相反布置，这两种庄严和浪漫平面之间，也颇有混合变化的实例，供给许多有趣的研究，可以打消西人浮躁的结论，谓中国建筑布置上是完全的单调而且缺乏趣味。但是画廊亭阁的曲折纤巧，也得有相当的限制。过于勉强取巧的人工虽可令寻常人惊叹观止，却是审美者所最鄙薄的。在这里我们要提出中国建筑上的几个弱点。

（一）中国的匠师对木料，尤其是梁，往往用得太费。他们显然不明了横梁载重的力量只与梁高成正比例，而与梁宽的关系较小。所以梁的宽度，由近代的工程眼光看来，往往嫌其太过。同时匠师对于梁的尺寸，因没有计算木力的方法，不得不尽量的放大，用极大的factor of safety，以保安全，结果是材料的大靡费。

（二）他们虽知道三角形是唯一不变动的几何形，但对于这原则极少应用。所以中国的屋架，经过不十分长久的岁月，便有倾斜的危险。我们在北平街上，到处可以看见这种倾斜而用砖墙或木桩支撑的房子。不惟如此，这三角形原则之不应用，也是屋梁费料的一个大原因，因为若能应用此原则，梁就可用较小的木料。

（三）地基太浅是中国建筑的大病。普通则例规定是台明高之一半，下面再垫上几点灰土。这种做法很不彻底，尤其是在北方，地基若不刨到结冰线（frost line）以下，建筑物的坚实方面，因地的冻冰，一定要发生问题。好在这几个缺点，在新建筑师的手里，并不成难题。我们只怕不了解，了解之后，要去避免或纠正是很容易的。

结构上细部枢纽，在西洋诸系中，时常成为被憎恶部分。建筑家不惜费尽心思来掩蔽它们。大者如屋顶用女儿墙来遮掩，如梁架内部结构，全部藏入顶篷之内；小者如钉，如合叶，莫不全是要掩藏的细部。独有中国建筑敢袒露所有结构部分，毫无畏缩遮掩的习惯，大者如梁，如椽，如梁头，如屋脊，小者如钉，如合叶，如箍头，莫不全数呈露外部，或略加雕饰，或布置成纹，使转成一种点缀。几乎全部结构各成美术上的贡献。这个特征在历史上，除西方高矗式gothic建筑外，惟有中国建筑有此优点。

现在我们方在起始研究，将来若能将中国建筑的源流变化悉数考察无遗，那时优劣诸点，极明了的陈列出来，当更可以慎重讨论，作将来中国建筑趋途的指导。省得一般建筑家，不是完全遗弃这已往的制度，则是追随西人之后，盲目抄袭中国宫殿，作无意义的尝试。

关于中国建筑之将来，更有特别可注意的一点：我们架构制的原则适巧和现代"洋灰铁筋架"或"钢架"建筑同一道理；以立柱横梁牵制成架为基本。现代欧洲建筑为现代生活所驱，已断然取革命态度，尽量利用近代科学材料，另具方法形式，而迎合近代生活之需求。若工厂，学校，医院，及其它公共建筑等为需要日光便利，已不能仿取古典派之垒砌制，致多墙壁而少窗牖。

中国架构制既与现代方法恰巧同一原则，将来只需变更建筑材料，主要结构部分则均可不有过激变动，而同时因材料之可能，更作新的发展，必有极满意的新建筑产生。

现代住宅设计的参考

一、美国印第安纳州福特魏茵城五十所低租住宅

二、英国伯明罕市之住宅调查

三、美国伊里诺州数组"朝阳住宅"的设计及实验

四、美国TVA之"分部组合住宅"（Sectional House）

住宅设计在半世纪前，除却少数例外，都是有产阶级者私人的经营，不论是为自用或为营业。自用的，除却解决实际生活需要之外，还存为着娱乐自己，或给儿孙体面的目的，所以建屋常是少数人的奢侈。

营业的则既为着利润的目标而建造，经营者常以若干面积

注：原载《中国营造学社汇刊》第 7 卷 2 期（1945 年 10 月），署名：林徽因。

造若干所，每所包含若干固定形式的房间来估计。他们决不枉费心思为租户的生活城市的卫生，人口或交通设想的。在贫富情形不同的区域里都有相当于那区域生活程度的普通住宅出赁。这些房屋只保守着拥挤的行列，呆板的定型及随俗的装饰标准。他们极少在美术上努力，也极少随着现代生活的进展去取得科学的便利，更没有事先按着租户的经济能力为他们设计最妥善的住宅单位。

现在的时代不同了，多数国家都对于人民个别或集体的住的问题极端重视，认为它是国家或社会的责任。以最新的理想与技术合作，使住宅设计，不但是美术，且成为特种的社会科学，它是全国经济的一个方面，公共卫生的一个因素，行政上一个理想，也是文化上一个表现。故建造能给予每个人民所应得的健康便利的住处，并非容易达到的目的。

它牵涉着整一个时代政治理想及经济发展的途径以及国际间之了解与和平。但如同其他我们所企望的目的一样，各国社会上总不免有许多人向着那个目标努力。

尤其是现在在两次世界大战之后，各国都企望着和平，都认为是眼前必须是个建设的时代，这时代并且必须是个平民世纪，为大多数人造幸福的时期的开始。向着这个理想，解决人民健康住宅的目标前进，先需要两种努力。

一、是调查现存人民生活习惯及经济能力。每城每市按着他们的工商农各业的倾向，估计着他们人口职业的特点及能量，对已有的交通，已有的公共建筑，已有的卫生工程设备，及已有的住宅，作测量调查及统计。然后检讨各方面的缺憾与完满的因素，作为实际筹划的根据。

二、是培养专家，鼓励科学工程及艺术部署的精神，以技术供应最可能的经济、美丽且实用的建造，也使国家人民各方设计的途径相互呼应，综合功效，造成完美的城市。

这种努力，在英美两国也不过有极短期的历史。上次大战的前后建设倾向还是赓续十九世纪末叶工业机器畸形发展的能力，没有经过冷静的时间，一切建设发展过分蓬勃常是顾此失彼，不但互相妨碍，又常彼此冲突。

不正常的经济压迫及无秩序的利益争夺使得合理清醒的统筹无从产生，直到城市住处——本来该是为健康幸福而设备的——反成了疾病罪恶的来源——如工业区的拥挤，贫民窟的形成等等——最近才唤醒了英美各国普遍的注意。

因为英国是个根深蒂固的资本主义国家，不能剧烈的以社会主义的经济立场来应付这种问题，所以市政上的改善，除却一部分为交通工程的建设外，现在一部分直属于公共卫生部，以公共卫生的立场来改善住宅及区域。美国则因为是商业自由极端发达的国家，故改善市区房屋或开辟住宅新区，常以商业方法来经营。所谓房产公司的势力可以支配着许多区域的进步，也可以阻碍许多区域的改善。因此政府常要处于指导地位。故纠正错误及恶劣的街道与房屋，或由地方催促政府通过便利的法案，或由政府催促地方的协助，多数仍由经济团体来完成的。

我国的情形与英美都不相同，但在建设初期，许多都要参考他国取得经验与教训。美国虽为大富之国，但直到现时尚有一个庞大数目的人民没有适当住处，最新技术常以最便利、最经济为目的。我们在这方面仍然可以采取他们的许多实验作为参考。但因天气、环境、生活、材料、人工物价的不同，许多模范我们也还要有适当的更动始能适用。

英国近年对旧有拥挤穷苦的区域曾经不断做繁细详尽的调查。这种工作的目的在避免设计之过于理想无法切实实行，或虽实行而所害更甚于所便。我国一般人经济上皆极贫困，旧有住宅又多已不合现代卫生，如何改善，更是必须之务。我们如能效法英国在这方面的努力，必可避免许多不妥善的尝试，而采用许多简便而合理的办法。

无论如何，改善住宅的主要事项，如住宅内部的合理分配，外部的艺术形体，住区与工作地点的联络关系，住区每平方公里内的人口密度，如何取得绿荫隙地，如何设立公共设备，及如何使租金与房屋造价及人民经济配合等等，则是各国同样的。虽然如何能合理的解决这些问题，各国各城会有特殊的便利或困难，但互相参考办法与技术，可以俾益各地个别设施，仍是无可疑问的。

本文这里所选择的参考资料都是经过各国实验过的佳例。匆促里不及作有秩序的安排，仅凭材料来到的先后及其本身兴趣与价值逐项介绍。至于我国对于这一些建设是否有采访的可能及我国环境与每项所述他国情形有何显著的异同，在可能范围内，笔者均作简单的评论及提示附在后面。

一、美国印第安那州福特魏茵城

（FORT WAYNE, INDIANA）

五十所最小单位贫民住宅的实验

美国是个商业自由的国家，许多社会性的事业都用商业方式来解决，不直接将经济负担加在政府或任何慈善团体上。许多有关人民福利的建设，不单是由于伤感或慷慨，却是因市中经济与卫生的需要用最有效的实际方法来应付并长期维持。所以许多低廉租金平民住宅的试验都是由政府提倡，根据着法律，由地方协助，用商业方式来建造及处理的。

一个试验 根据一九三八年美国联邦政府住宅管理处所发表的一个报告，清理贫民区及为最低收入的人民建筑住所，不是这管理处直接的职责，可是因为住宅管理处这机关是由于用抵押贷款营业办法来协助改善一般的住所情形，且倚借这种经营来维持它本身的经济独立，所以它不能不注意到美国各地区中最不堪的地带。

这种地带影响到房产地价，且此带贫民每年医药、燃料、衣食的救济靡费是全市税收极巨的一部分，间接成为其他住户的税额的负担，所以住所管理处开始调查恶劣的住所情形，协助任何合法团体利用管理处这抵押贷款算法来改善贫民住处。

福特魏茵城 这一个试验是在印第安那州中一个小城福特魏茵实行的，用减债基金抵押贷款方法完成了五十所，每所每周租金为2.50美元的住宅。他们相信虽然改善贫民住宅所遇到的问题是全国性的，其解决方式则需要各区特殊的应付。

但福特魏茵的试验得到极好的效果大可以作为一个市镇自身努力解决这种住宅的佳例。且因其他市政府或团体对此种设施有同样的兴趣，所以管理处特别将这次福特魏茵（以下简称魏城）试验建造贫民住宅的始末，以详细描述的方法印成册子公布。

人民情形 魏城是个西方中部的工业城市，人口约为十二万五千人。城中一般住所情形比各处平均水准稍好，住宅之半数为住户自己的产业，与美国其他城市相同，只有少数——约百分之五——的人民住在公寓里，大部的住宅为单门独户的，全市贫民救济费每年达五十余万元，其中四十余万元为救济贫者的粮食、燃料及衣物，公共卫生费为十万元，津贴贫者房租约一万元，无家者之救济费约三万元。

住屋情形 据调查魏城一万六千所住处中有九百所没有自来水，二千七百所内没有私家室内的卫生厕所，四千六百所没有沐浴设备，所以公共救济费的重负有一部分是住宅情况所使然的结果显然有它的根据。

改善目标及办法 改善住所的水准是要直接减轻救济费的数目，但如果只拆去最恶劣的破屋，是不会有助于实际情形的。因为在低租金的一堆房子中本已患住户过挤的情形，如果再减去现存之若干房屋，则拥挤的情形更将增加。所以这里的改善必须添造。直至恶劣住屋中有了空出的现象时才能将这种不堪居住的房屋拆毁。

最需要改善也最可能因改善而减低地方救济负担的自然是那九百所没有自来水设备的住屋。其次为那二千七百所没有卫生厕所的住房，再次为那四千六百所没有沐浴设备的房子，但不知有若干住所单位因为漏的屋顶及漏风的墙壁直接增加了地方燃料救济费。所以在节省救济经费的立场上改善住所则必须添造温暖而严密附带着自来水及卫生设备的房屋。且租金必须是那些不能享受这些便利的家庭所能担负的。

合实际的租额 据实际调查，这些家庭所费租金，最高为每月十二元，令人可注意的是这种租金并非按着房间单位计算的，而是按着住户所能出的租金总数所能交换来的房间而定，他们是不能按着他们所需要的面积或间数来租赁住处的。

针对着这问题的住宅建造的第一点，即是决定每单位住所的租金为2.50元；不是按月而是按每周收付租金的办法，对于这些家庭更为合适。因为他们的收入本以每周计算的。

房子形式间数及设备 虽然现时魏城的小房子多是单层木板住宅，并不证明集体多层住屋之不合适，不过考虑到受助的居民素来所习惯的生活是很重要的。

初步设计的考虑指示出独户的小住宅包含三个房间，及一浴室，以租价每周两元半为标准，最为重要。此种住屋需要现成的电线装设，且因为利用浴室设备需要教育，有热水的供应非常重要。要达到以上目标，自然要一种非常精巧经济的设计图样。且必须根据种种使这种建造可能实现的方面。

造价的预计　在租金方面如果每所造价定为九百元，用二十年抵押减债基金贷款方式付出4%的利息，0.5%的保险，则每年收入，付债息外，尚能保留维持费，由魏城市政府先设立一住宅委员会，按着印第安那州的法律住宅委员会算的房屋可以免税，因为这种经营目的在于帮贫困的人民，可以减低各种救济费的负担，所以允许此种房子免税，结果并非市政府的损失。

利用本地失业人工　在减省工价方面，委员会请求利用WPA（失业工人救济会）的工人，因为这种工人即为需要这种住屋最切的主顾，所以移用救济会的工人来建造贫民住宅是最合理的。事实上因为他们觉得是为自己福利努力，他们对工作加增很多踊跃。

地皮的取得　为这种计划中的住宅寻觅适当的地皮时，发现大量的空地散处城中。有许多空地即在非常恶劣住宅的附近。其他的常散处在工业区旁边。它们在相当时期内绝无用途，只在将来如果遇到添造工厂时有可能之用的。这带空地的地主对这一时无用地皮每年还必须负担着地税。

这种一时无用的空地，如在有卫生水道工程的街道左近的，即被视为极适当的低租住宅暂时建造的地区。住宅委员会同他们的地主的接洽协定是委员会以一个象征数目美金一元暂时购取一个单位地皮来营造一所住宅，随时地主有重新购回原地之权，重新购回原地的办法是：

（一）如果地主在新建屋后的第一年内要求购回地皮，则由地主付出迁移那一所新住屋再建在另一地区的全部工程费用。（二）如果地主在建屋后的第二或第三或第四年中要求购回原地，则按借出年期之长短比例，减低负担迁移费之若干。（三）直至五年以后，如果地主要求收回原地时，则仍只需美金一元购还，全部迁移住屋的工费由委员会完全担负。

这种取得地皮的办法，产生三个特点，要早预计到的。

（一）因所建新屋分散城中各处适当空地，施工时因略不便，必稍费工。（二）从租金收入里除却付出贷款的减债基金还本法及利息保险外，因根据与地主借地之协定，必须保留若干款额，足够必要时作迁移重建住屋至其他地区的费用。（三）选择地点的目的有一部分必须是要使建屋之后能影响提高周围地产之价格，有利于借出空地的地主的。

这种地皮每单位包括象征之一元购价，地契价及接引自来水与下水管的费用，总数为四十美元。

综合事况 综合以上情况，展在委员会前面的事实是：（一）委员会可以由WPA得到不必付出工价的人工。（二）委员会可以用四十美元的代价取得每个单位的地皮。（三）因所决定每所每周2.50美元的租金，用廿年典押贷款方法取得资本，所以每所住宅的工料价需定为九百美元。（四）因住屋所供应的家庭情形，需要的是建造三个房间的住宅，附有热水浴室及电线的设备。（五）这种住屋因借用地皮的协定必须用易于迁移及重建的结构。（六）因为所用的失业人工不是专门技工，所以房屋的结构工程程序必须是预先设计极为简单，使一般普通工人均可胜任的。

结构方法　这些住宅所用结构方法是根据威斯康辛省麦迪生城联邦森林出产实验室所作的研究，及普都理工大学住层研究系所进展的试验。

这个结构方法主要是应用"板屏"的制式（by Prefabricaled Panels）用固定木框两面钉上薄嵌板（Plywood）（上海称夹板）制成标准大小的"板屏"（Panels），再将各屏拼聚作为墙壁，外墙与内部隔断墙所用板屏皆是2×4英寸的木条作框架，屋顶所用板屏则用2×6英寸之木条作框架，木板的两面都钉上且胶住Phenol-résin Plywood薄嵌板。这种屏板结构的负重力量已数倍超过一层木层所需要的负重墙面。

制造程序　为建造这些住宅，委员会先租赁一所小工厂，这个设备即为造价之一部分支出。一切结构部分均先在厂内制造，以减少工场上的工作。工厂内简单设备只是一个数人共作的锯木床（cut-off table），为锯出标准木条及裁断木条成必要长度之用的。又另置特种"嵌板锯"（Plywood saw），用以锯出门上或窗边所用的小片嵌板等。此外即是各种"台桌"（jig tables），在那上面可以钉制木框及铺胶嵌板，制成各面板屏的。厂内全部用失业救济会的工人。

定为制式 这种结构规律化之后，成了一种制式，共用四种板屏：（1）素壁部分（外墙或隔断墙），（2）带门的墙壁部分，（3）带窗的墙壁部分，（4）屋顶部分（见下页《**魏城最低收入市民住宅**》图）。素壁部分，每面板屏高8英尺，宽4英尺。板屏木框两面嵌板夹成的空心用石棉铺满以防止外墙敏性传达户外的冷热。屋顶板屏每面也是宽4英尺，但有长16英尺及长24英尺的两种，他们中间都铺上4英寸厚的隔冷热的石棉。每面板屏上都加上一层胶质的保护材料，将木缝填满。整所房子所需为二十二面素壁板屏；八面带窗板屏，五面带门板屏，及六面24英尺长，三面16英尺长的屋顶板屏。

室内地面是用铁网水泥倒在碎石夯平的地上。这种室内地面从舒适、耐用及工料价的经济立场上估计都是最为适宜的。因为洋灰直接铺在土地上，它可以维持与土地差不多的温度，所以冬天较暖，而夏天又较凉于架空的地板结构。自来水管及下水道的粗管，均先由最近的干线接引埋在地下。粗管头在预定地点由水泥地面伸出以备它们在上面安置室内各种卫生设备。

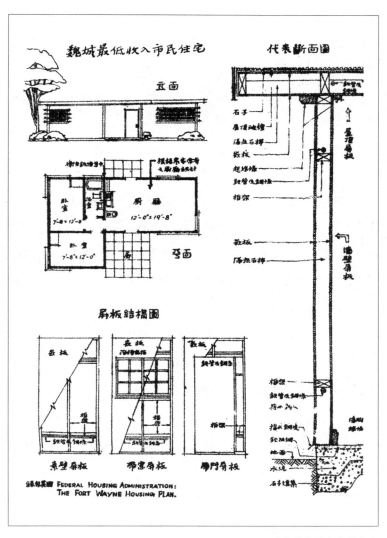

魏城最低收入市民住宅

结构程序　各面板屏都安放在水泥的地面上，一个屋角或正角的两面先准确的安置，其它板屏便可迅速的随着安放外墙及隔断墙的板屏，带窗子的及带门的板屏，都像玩具房子的部分一样聚拢起来。各面板屏之间用某种腻子使它们拼紧，并以长钢条横贯各屏中间，联络扣紧。长钢条横着由屋的一端到他端，穿过每面板屏木条处均用铁片托住（bearing Plates），在屋角两面板屏相接处则穿出角铁（angleiron）然后纠紧。

屋顶各板屏亦同样用横贯的钢条牵住，每隔四英尺用一条钢条穿出之，两端用生铁的母螺丝（washer and nut）纠紧。此外再在每屋角两条垂直钢条，一条由上面下来，上端钩在屋顶横条上，另一条由下面上来，底下钩在水泥地下，两钢条中间用旋紧子（turnbuckle），联接扣紧。这样全屋四角都紧牵在洋灰地面上。屋顶板屏上用保险十七年的四层石子屋顶油毡完成。室内墙壁均有上下横条，金属装备均外露，外墙、内壁及天花顶均刷涂三重油漆，完成光滑皮面，以便于洗刷。

卫生设备　一种烧油的炉子，内中带着热水盘香管，可以供给屋内取暖，烧水及煮饭之用。它的烟囱是一整条金属的烟囱由炉上直至瓦外，这是按着便于移动重新安置的办法。烟囱四周用2英寸木棉隔热，并留2英寸距离木料的空隙（air space）以防火力的燃焦。

厨房的水道设备与浴室的水道，计划时即安置它们背向背的在隔壁相连之处。上下水道设备为一洗碗盆（sink）、浴盆、面盆、茶桶及一个30加仑的热水储藏锅。所用水管全露在壁外，以便修理。

时　间　建造工程程序预定为每所住宅全体工人用一个"工作日"——即八小时——完成。结果在实际施工时，维持这个速率毫无困难。

资本及经营的办法　为这五十所住宅供给资本的办法，是分给三个商业团体来投资——两个银行及一个保险公司。三处贷款共计四万五千美元，以全部五十所房产作抵押，利息4.5%。虽然典押定为廿年减债基金法，因为预计的盈余利益可能改成六十年。全部房产按美国政府《住所法案》第207条中联邦政府住宅管理处将其保险。如有地主收回原地时，则将此地退出保险，另换新区一处。

魏城五十所低租住宅资本经营办法：

地价每区$40象征数，上下水道地契在内	$2,000
工价WPA借来的人工价值	23,000
共计	25,000

典押贷款总数，全部料价及工厂设备用	45,000
竣工后全部房产估定价值	70,000
每年房租收入总数	6,500
因空间可能损失	260
净收入共计	6,240
利息债务偿付	3,600
住屋维持费　每所 $32	1,600
每四年一次油漆	500
每十年一次换屋顶油毡	270
设备更换修理	150
保险	80
管理费等	600
总付出共计	5,200
每年盈余	1,040

百分率表

贷款为房产估定价值之	百分之	64.3
利息债务偿付为总收入之	百分之	55.4
利息债务偿付为净收入之	百分之	57.7

| 维持费为净收入之 | 百分之 | 25.6 |
| 每年盈余为净收入之 | 百分之 | 16.7 |

如果这些住宅有了20%空闲时期，每所住屋每月收入可能减至8.66美元，但平均当以4%的损失计算，这五十所房屋每年的债务偿付本来约占其收入55%余。计算损失则为58%。

住户的选择　最初五十所房子建成之后，已有六百家请求预定的住户。决定选择适当的优先住户是根据着他们在请求时本来住处的不堪，急需调济程度，及有无能力付出较2.50美元更多的租金而定的。能够负担较2.50美元更高的住户及已有相当可以居住的房屋，租价亦不比2.50美元更高的住户，均暂不得迁入这些新住宅。这种选择住户的工作是借力于地方社会服务团体的协助的，在某一些情形下，服务团且代住户保证房租按期的偿付。这些住屋的一切的管理事务完全由福特魏茵城住宅委员会主持。

参考提示与评论

（甲）　我们有无注意低租住宅的必要？

（乙）　低租住宅建造的原则是什么？

（丙）　分析魏城试验住宅总造价低廉的因素。

（丁）　分析资本债息与租金的种种。

（甲） 我们有无注意低租住宅的必要？

1. 这里魏城廉价住宅建造试验的报告，表示得非常清楚，美国小住宅研究已渐施于社会。这些住宅是以服务城中最低收入的市民家庭及改善市区的眼光来经营的。

战前中国"住宅设计"亦只为中产阶级以上的利益。贫困劳工人民衣食皆成问题，更无论他们的住处。八年来不仅我们知识阶级人人体验生活的困顿，对一般衣食住的安定，多了深切注意，盟邦各国为政者更是对人民生活换了一个新的眼光。提高平民生活水准，今日已成各国国家任务的大目标。故为追上建设生产时代，参与创造和平世纪，我国复员后一部努力必须注意到劳工阶级合理的建造是理之当然。

2. 近来后方工厂均为新创，常在郊野，少有邻近住屋，故多自附工人宿舍。复员后工业在各城市郊外正常开展的时候，绝不应仅造单身工人宿食，而不顾及劳工的家庭。有眷工人脱离家庭群聚宿舍，生活极不正常。这个或加增城市罪恶因素，或妨碍个人身心健康，都必为社会严重问题。添造劳工家庭合理的低租住宅，附近工作地点必须为政府及工业家今后应负责任中之一种，亦无疑问。

（乙）低租住宅建造的原则是什么？

上面的资料，低租住宅的建造是为收入最低阶级添设住宅。为给予他们合理的生活，救济他们的拥挤，改善他们的卫生。而先决条件，是租金定为他们所能负担的数目。换句话说，低租住宅最要紧的就是低租，住屋却又不能因低租而不合健康，或不适用于一个正常的贫民家庭。原则就是：

1. 需要连这足够一家之用，改善卫生标准，而租额是收入最低的劳工家庭所能担负的数目。

2. 这种建造经费的负担不必悉数倚赖捐助（由政府团体或私人），大部分可借经常营业方式（用典押借贷办法筹到需要的资本，以租金收入来长期维持这种事业）。只在创始之时取得各方的协助（使资本的借贷部分极端减低，以节省债息的便可促成低额租金的可能）。

总的说起来，低租金主要的因素有三：（一）为每单位地区工料等总造价本身的低廉。（二）借贷资本债息低。（三）造屋目的为服务，却不为赚利的营业；租金的最大作用只为维持这种住宅本身的可能及存在，租额可以减低到最小限度。

（丙） 分析魏城试验住宅总造费低廉的因素

1. 地皮廉价的取得。这个借力于政府机构辅导的力量，同时也得力于有地产者实际的协助。魏城借地协定表示并不要求无条件的捐助，保留地主在必要之时收回原地之权利，且定下具体办法。地主借出无用空地可以省了地税,地产因住宅改善可以增价都是地主所得利益。但这事本身本为社会效劳。我们相信即使利益不大,地主亦不至刁难或勒索来阻碍地方改善的政策。这个美国可以办到的,在中国以后亦不应办不到。困难在还地办法牵涉了移屋,移屋办法又影响结构条件。因高度工业化的活动结构在美国可能简便而且经济的,在中国不见得能够如此。所以地皮的取得恐必须考虑其他办法。

2. 利用政府或地方所已担负薪资的失业工人可以省掉工价。这个我国以后是否有类此组织可供应用。变通办法如利用闲着常驻的军队,或合法微调民工等,都可以研究。

3.(a)经济的结构方法。(b)经济的面积分配。在这两方面美国都是参考大学校,及试验所专家的研究结果,且依据社会服务团体的生活调查来设计的。我国当然应该同样采取研究的方法努力多做试验。如果缺乏专家的研究,便必须鼓励产生研究的机构来配合实施设计的进行。细究魏城设计 (a)与(b)两方面:

(a)在材料结构及工程方面:因中国之工业化程度与美国相去千里,各城市各地区亦各不相同,故欲效法某项特殊试验必有困难。必要时仅能采取它的原则,接受大略的指示,计划一种变通办法,利用当地固有工料方法加以科学调整,做类似的处置，最属可能，也极适宜。一味模仿工业化的材料及结构，在勉强情形下，只是增加造价的负担。

魏城试验所注重的一点，是用科学化的木料，不但尽量在工厂内先制成"结构的部分"且先制毕"房屋的门窗墙壁部分"，等候在工程地时简便的聚拢，以省人工。

中国建墙的材料方法最经济的都是"泥作""竹作"之类，如版筑土墙，如夹泥，如干砖墙等，都比纯用木料版壁更为经济。这种工程却需用人工在工程地筑造，绝不能在厂内预制的。且工程时间及人工数目都无法极端减省，能与现代木工相比。可能定为制式在厂内预制的只有门窗一类。至于屋顶最经济的构造，更需要试验及考虑。

（b）在面积分配方面：详究魏城住宅平面，可以提示三点中美生活之主要不同，以便明了我国不能完全采用近代英美现成设计图案之原因，分述如下：

1. 魏城所造是包含三个房间及一浴室的单层独立的木质小住屋，这与中国生活本无不合，但主要起居室是附带炉火设备，用以做饭的大房间，此外并无厨房，便不适于我们习惯。这个大房间的设计是以欧美农舍中所谓Farm-kitchen"农家厨厅"为蓝本的。欧美劳动阶级都习惯于在起居室里做饭，日常生活也都在这里集中。这种"厨厅"在欧洲就有几世纪的历史。它是欧美平民所习惯的居住方式，与中国生活迥然不同。

我们平民从来不以厨房为起居中心，因家族群居习惯，居处多以院落为单位，厨灶总是处于室外，室后或院中角隅的地位。生活中心的堂屋或厅，另有祭祖礼法的背景。虽然实际上亦即聚食操作的地点，堂及厅的性质总有婚丧庆贺，戚友来往的礼节意义，不是专为起居而设，更不是设灶地方。我们烹调方式使贫户仅有一室的时候，灶火也常设在门外。

所以英美小住宅将厨厅合以为一的设计是绝对不合我国的适用。通常他们中产阶级因不常用佣工，在餐室内设新式电灶，附带备餐的简便办法，更非我们所习惯。故近代英美面积经济的各级住宅平面分配十之八九均不合中国之用。

2. 魏城住宅如同美国一般住宅一样，有治安上的保障。四面临街之处均可不用围墙。这点在中国可是一种困难。以围墙周绕以保安全是我国住宅通常的设备。但围墙周绕，如不加增地皮的面积，便使房子狭迫，视线短促。且围墙的造价占了小住宅总造价里一个极大百分率，要维持租价与造价间一个不变的百分率时，因围墙的造价租价也需要增加许多。这个考虑要从市政治安上入手，根本解决。折中办法是使房子一面或两面临街以节省围墙。但如此已是与改进的分离独立住屋的倾向相背而驰，仍不能令人满意。

3. 卫生设备问题：魏城因利用市中已有之卫生工程干线，故引接上下水道所费无多。中国许多城市小街深巷过多，可以建屋之地区可能距离大街干线甚远，如遇有这种情形，市府方面应极力协助改善，不应将接引的工料价负担加在住宅造价之上。室内浴盆热水恭桶等设备，因美国之工业化程度甚高，可以廉价取得，在中国这些设备以后是否仍为用外汇的奢侈品，及能以如何价格自制，一时尚无把握可以预计。如果室内卫生设备暂不可能，则代替这种设备的室外处置方法必须要附属小建筑物。如何计划这种附属廊屋，使合乎卫生实用要求而又经济，也是我国的特殊问题，需要新的解决方法。在平面的总面积上，工业化的程度愈高，面积愈小，所以中国的低租住宅的面积很难不较英美新式的略大。

（丁） 分析资本债息与租金的种种

1. 这五十所住宅的建造目的是为服务，不在赚利，租金的收入数目最大作用只是为偿付贷款的债息，此外仅保留若干维持费。贷款的数目愈低，租金亦可能愈低。故在资本方面，他们设法使借贷款额减少，以不用付款的许多实际便利来协助完成。同时它仍是一种正式营业用二十年典押方式，用租金收入偿付债息，留出盈余维持管理。二十年后归政府机构所有。政府设此集中的机构来辅导改善住宅的任务，亦便借此种合法营业，正当的盈余，长期维持它的力量。一切可不借社会偶然慈善事业。

中国以后亦应由政府倡导辅助地方进行，不在赚利，却足维持其本身的房屋经营，以便市民，且抑制市上高价的营业住屋的垄断。但为最低收入阶级建造，在中国则租金所入绝不足偿付资本，极不易成为一种"营业"；必须借义务的协助才能办理。

2. 他们取得资本的途径是由政府领导，地方协助，商业团体来投资，以商业正常方式取息，这一点我国当然亦可同样办理。但在中国，即使地皮等一切条件均相同，三间可住的房屋最低造价，在正常时期，各城市均不止九百美元，而中国最低收入的劳工家庭每月可以负担的租金，在战前约为国币三元。房租每年收入数绝不足偿付资本之债务。故如何调整，必须其他办法。一部分资本恐必须由团体捐助。各工厂可能有负担工人"福利住宅"开办费之规定等帮同完成。

3. 虽然第一批五十所造成时已有六百家预定名单，市府秉公，不但不因此加增租价，且在定户中选择不能负担2.50美元以上租金之家庭为优先赁主，决不变动决定的租额，亦即不变为何种等级家庭解决住处的目标，此点极为重要，主持者必须注意。

4. 保留足够管理及重修的费用，如定每若干年重漆，若干年更换新屋顶一次等规定，即是维持住屋正常合用的状况。能长期维持就是不至损失住户，使住屋空闲的保证亦即收入损失的保障。中国办事常有始无终，在这种地方，极宜效法英美办理事业耐久性质的谨慎处置。

第二项参考资料——英国伯明罕市之住宅调查

（一）关于调查

（二）伯市发展的历史

（三）研究所得的实况统计

（四）原则的提议

（五）参考提示

（一）关于调查

伯明罕市（Burmingham）是伦敦之外英国第一位的大城市。市区面积达五万余英亩，人口一百零四万八千。它是英国市政改善最早的一城；开了捐拨地产创辟公园和清除"贫民窟"（slum）的先例。

1941年，当英国在世界大战里尚在吃紧阶段时，伯明罕市的波恩维尔新村信托公司住宅研究会便将他们费时三年的伯市住宅实况的调查全部发表。书名为《再建之时》（*When We Build Again*），内附表格，照片，插图，统计图解及地区图等。这个报告对全城住宅情况的各方面无所不包括无所不详细。全书用了简单清晰的分析，指出各区房屋在一切方面对于居民生活实况的适应，与矛盾程度，作为将来建设时改善的指南。这虽为伯明罕市本身的特殊情形，但一切研究与分析的方法，则是普遍可以适用于任何旧城，以和缓调整政策为前提的改善计划。

伯市虽曾自豪，且仍可以自豪，它是英国最努力进步的工业大城，在第一次大战之后至第二次大战之前约二十年中，共添造了104,881所住宅，但他们却得到一个痛心的教训。用了庞大的代价，他们换得一个醒悟。他们恍然觉悟当时急于解决住处，缺乏全市之间及市郊乡之间的"统盘市镇计划"的失算。研究会坦白的承认：因当时所有计划每次之限于一地一区的过于"消极性"，致使今日"损失并毁坏了许多可贵的绿郊隙地，全城发展的紊乱竟直接危害于国家应有的福利"。

换句话说二十年来"个别改善"的努力，由今天科学化的鸟瞰看来，已大明了他的错误。筹划上缺乏总纲领产生畸形及矛盾的局面自在意中。各区各业生活及交通的要求互相抵触缺乏呼应的时候，自然只得到更大的不便，留下严重的教训，如果改善人民住处只是"个别改善"的住宅建筑活动，则所有努力不但积极的不能在全市合理组织中尽职，连消极的解决每个住户的方便也都成了失败。

调查的意义 所谓波恩维尔信托公司即是著名世界的卡德伯里可可糖果工厂主人所创设的波恩维尔住宅新村组织所扩大的建造住宅的机构。是不断对市政有贡献的私人团体。

远在1935年，它的住宅研究组，对于伯明罕市发展趋势，就感到忧虑，决定进行一种有计划的实况调查。这调查历时三年，以劳工及低薪资市民住的状况为主要研究对象，同时审查住宅区以往与工业区及郊区的关系，如全市扩展之利弊及住户密度增消的缘由及办法。换一句话说，就是要研究住宅的问题症结所在。

这种调查是根深蒂固民主主义国家的动态；民主国对私有产业权利必须保留尊重，不肯横加统治，而同时进行又是社会性的改善计划时，则所先做的一件事，必会是详细的调查。一切实况由专家团体的调查得以大明，提供当局及社会参考，然后法律的合理制裁，科学的缜密计划，社会的踊跃合作才得以产生。这是艰难的，和缓的，但确合实际的改善的调整，目的在经由演变向着市镇的完善。这种调整的性质与受过剧烈破坏大部后重建的市镇计划不同，与在社会主义下发展新区，创立城市作崭新建造试验的自然也不同。但今日世界在建设之时，这几种趋向的努力都必须注意及明了，因为我们都有参考他们的必要。

调查的内容 波恩维尔研究组的调查，为统计的清晰起见，分伯市环绕的为三个围城中心。内围及外围。各种住宅情况都划入这三个不同地带中互相比较。因为中心为最早旧有之市镇，街道狭迫经工业革命的突袭骤成拥挤错乱的区域，多不堪居住的房屋及突兀丑恶的工厂。内围发展在1911年前后，外围则发展在1918年以后，情况因社会的努力，各围愈后愈见良好，密度也逐渐减轻。同时由东西南北各区域的工商业情形不同，住宅调查也将住宅划在七个市区下研究。

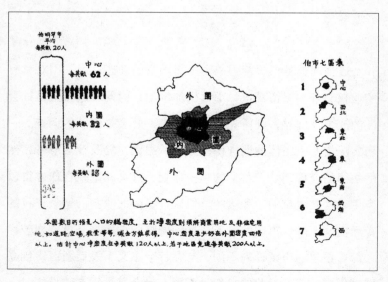

图一 伯明罕市人口密度图表（附 伯市七区表）

这个调查对房屋本身的各种统计及其租金之外社会性的资料，如（1）劳工市民由家中到工作地的往返时间与费用；（2）百分之若干工人可以回家中餐；（3）市区内公园面积与人口之比率；（4）儿童户外活动及游戏在何种地方；（5）若干住宅前后小圃要经常整治，表示事实它们是否为住户所需要；（6）若干住户愿意保留原来住处及他们的理由，这些方面都取得正确的统计以增加事实的了解。

同时这报告先将伯明罕市的演变历史，如各时期社会及政府对市府的态度和努力，议会各次所通过的法案，及地方上各次所实行的调查和建设都作了简单的叙述。这一段历史非常有趣，可以代表一个现代城市的传略，可以增进社会人士对市镇的了解。

调查目的 这个调查的主要目的是：

（a）现时住宅的一切状况。

（b）1919年以后所努力进行的扩展市区计划，它的结果到底如何？

（c）据实际所得材料有何结论可以指示将来设计的倾向或宗旨？

调查方法 研究组利用许多公共卫生及户口调查的统计，但主要倚借自己实际的调查。调查分两部测量及访问工作。

（甲）测量 测量分两段：

（一）详细的住宅及住区测量。

（二）普通测量，指示以伯明罕市为中心的四郊发展。

这是在六英寸比例尺的地方地图上标出已经建屋的地区，现在工厂位置及永久的空隙，如公园等地区。整个面积包括1100方英里。因为这研究计划的目的也注意"乡区"（Regional）整体的组织，不但注重"市区"而已。这部分工作着重给计划地区时做参考，预先保留各种地区的用途，为此后五十年内的新陈代谢一旦演变及发展定出有系统的途径，不至紊乱互相抵触。

（乙）访问工作 注重在取例的逐户调查。他们按着公共卫生部所给予工人住址，每二十五家工人住处中巡视一家。二十九位有经验的社会服务人员共同参观7161所劳工居民的住处。访问员将预先计划好的问答表格，在参观住户时填写。调查后经手人立刻将这表格交给专家，划在三个围域及七个市区下综合分析，要知道伯市百分之八十强为工人，所以他们的住宅是全市住宅的主要问题。调查住户时必须同住户中之主要负责人问答（三分之一的访问必须同男主人问答），如果所访住屋空寂无人，经三次访问后仍然没有住户或不得接待时，则可另访距离此屋最近的一家，但必须与原来访问住址在同一街的旁边，以避免牵涉不正确的其他因素。

改访他户必须在访问原址三次失败之后的原因，是免得遗漏整日必须外出工作的住户。如果房屋已改成工厂或公司办事处，访问员仍须访问看守人，因为可能看守人的住家问题就需要考虑。

在访问时最需要的是引起住户的兴趣，自动的合作。故在访问之始，先就解释访员们代表一个研究住宅的组织，在努力调查伯明罕全市住户的需要，他们希望将关于住宅的几种实况请教于选出的住户。

问答表格分两种：（一）主要问题的回答表。此表分前后两面（见下页）。（二）愿望问答表，亦分前后两面（见053页）。

主要问题回答表（前面）

BOURNVILLE新村信托公司——研究组 住宅调查表								

区4 次区11				编号3601				

市有地产		1937年11月19日		单独 住宅			住宅公寓	合坊公寓

前面表格结构如下：

市有地产 1937年11月19日	单独 住宅	住宅公寓	合坊公寓
		市　私　公	市　私　公

住户姓名 A.B.Cee. 地址 13 The Cincle	调查时间 始7：30 终7：40	市　私　公	厨厕自用 厨厕合用　　地面 地面 附铺面　　否
		✓	

何时迁入？　1928	若是房客	每周租金 分租收入 地方租及水在内 15/2　无
房屋年龄	战前 1921-31 ✓	1931-37	若是主人	还付 年付地方税及水费
住宅内家庭户数　1			地税年付

房间数 5	起居室 2	厨 一	杂 1	浴 1	卧室 3	是否部分	分租 是	否 ✓	有家具	无家具

庭　　　园					
有园？✓			无园？	房外另置庭园	

爱园？ ✓	不爱园？	情形			爱园？	不爱园？	有	无 ✓
		好	平	劣				

六十岁以上老人详情					
配偶	每周收入	收入性质	小住宅？	何处？	何故？

注意——以上各项必须亦在背面各栏中照所需填入。
附言
房客认为满意，但称潮湿为憾。

主要问题回答表（背面）

关系(受访问人x.户主如非丈夫作"H")	年龄	职业	登记否	夜工	失业	雇主及工作地	区	在职年月	雇主职业性质	由家至工作地距离	全日工作(以最近一日为例)						每周交通费
											早程			每日交通费	中午交通费		
											离家	报到	交通工具				
有收入者 成人																	
无收入者 儿童		昨日空闲时间			星期……		天气		晴	小雨	大雨							
		游戏时间		地点		距家距(哩)		行程所需时间									

户主(男性)生地
何时来到 Birmingham?

主妇(或女户主生地)
何时来到 Birmingham?
调查人

愿望表（前面）　　　　　　总号 1650

Bournville新村信托公司
研究部

姓名 Mr.X.Y.Z.

地址 IO.the square.

1. 下面是可能的十二个原因，使你住在现在的房子。哪一个是适应于你的?

（1）你离你的朋友们近。√

（2）你喜欢这房子。

（3）离丈夫（或主要生活维持人）工作地近。

（4）房租低。√

（5）这房子是自己的产业。

（6）你喜欢一个花园。

（7）你喜欢住近市中心。

（8）你愿意住在离市中心较远处。

（9）你是当地教堂，俱乐部，或集会的会员。

（10）你憎恶迁移的麻烦与费用。

（11）你若迁移大概需要付较高的租金。

（12）这房子以外另外找不到。

如有其他原因亦应加入。

愿望表（背面）

2. 下面是十个可能使你迁移的原因，哪一个原因是适应于你的?

（1）你愿意离你的朋友近点。

（2）你想要一个花园。

（3）你愿意离郊外或公园近点。

（4）你愿意离丈夫（或主要生活维持人）工作地近。

（5）你愿意一所较好的房子。√

（6）现在的房租太高。

（7）你愿意得一所新房子。

（8）你愿意住在公寓。

（9）你愿意住近市中心。

（10）你愿意住远离市中心。

如有其它原因亦应加入。

3. 综合而论你是否想迁移？　是

4. 你愿意住何处？

5. 然则是否离丈夫（或主要生活维持人）的工作地更远？

6. 车资是否会增加？　是

7. 你已否登记请求一所市管住宅？　是

8. 在何处？

9. 在何时？ 1932

调查人　C.J.C.

（二）伯市发展的历史

伯明罕市发展的历史极为有趣，知道它演变的梗概才能明白它现状的来源与特质，亦即可以明了这一百年中一个工业城市的形成是怎样一回事。

乡村集镇时期　英国的市镇，当时为了保护它居民中的工艺匠人立了所谓Charter。可以禁止他处匠工的迁入。伯明罕市的发展，在工业革命以前，正因它是个古代的集镇（Market town）而无Charter的结果。

伯市直至1838年成为市镇才立了Charter，所以一向是有技能有作为的工艺匠人的自由地。却得不到业会会员的资格。由十六世纪起，这城市就吸收许多独身起家各个部门的铁匠，发展出工业城市的主要元素。

工业革命带来的大变 十九世纪初，伯明罕已扩大许多，但尚是带着乡村色彩，匠工各自工作的市镇。直至十九世纪的末期，方形成另一面目的大都市，旺盛活跃；但亦有几分可怕。工业革命带来黑烟将近郊逐渐吞并了，在狭迫的小街巷中，零乱产生丑恶的工厂仓库及工作场。因为那时代的社会相信人人自己知道取得与自己有利的一切，人人尽可自由发展，其结果是虽然集体的市是有财力的，一切都自然发展，没有地方当局来负责。当时的社会觉到如果男女儿童，为着某种工资，自愿在缺乏阳光的狭隘区域中日夜工作，那都是那一些人民的事，不关他人。所以伯明罕市日益富有，而矛盾的丑陋愈代替了所有悦目的乡镇色彩。而贫困的工人加增，生活程度到了不堪的情形。这时期所造成可怕状态，自然也不限于伯明罕一城。

新市镇的开始 到了1869年以后的约瑟·迁伯伦（Joseph Chambertain）做了多年市长产生一种新的市镇观点，他发愤改善那里的贫民窟，大胆的从事一个空前的措施。那时的市议会已有许多富于个性的杰出人物，他们筹出15,000,000镑的款，将特别不堪最不卫生的一大区域扫除了，成为今日主要大道的Corporation street，同时在许多抗议下，将自来水瓦斯等由私人手中取归市府，作为公用工程的基础，一时伯市便成为英国最前进之都市。

公园的开辟 这时期中的社会意识渐高，有了种种改善住户生活的感觉，感到人民有游息及享受林木趣味的必要，故在这时所建的内围一带产生出较多的公园，但当时这种设备完全需倚赖捐出的私人产业，故其分配并不能平均合理。

1846年开辟了第一个公园，Adderley公园，占地11英亩；1857年Calthorpe公园面积31英亩；又隔七年1864年开了Aston Hall及公园，49英亩；至1873年的Cannon Hall公园，则有81英亩。这个最后的公园，至今仍认为最佳的一个。第一个空地由市府股份银行公司购买的是8英亩的Highgate公园，它是约瑟·迁伯伦在1876年所辟，同时也是伯市"中心"唯一的真正公园。

1876年，议会特别通过伯市府可将"中心"墓地改成公园的法案，St. Martin, St. Mary, St. Paul, St. Jhon, St. Philip等都陆续变成公园，尤其是St. Philip的增辟，对于市容及卫生的改善最为重要。

1877年第一次在已建市屋中间开辟儿童健身场，在Bur-bury street，面积为4.5英亩。继续又辟了几个，有的为大工业家所捐，有的为市府合作公司所购得。这种活动酿成全国性的儿童健身场的运动，成立了全国健身场协会（National Playing Fields Association）。

开辟公园的办法到了1917年波恩维尔卡氏之子又创立了一个新的组织称为"公益信托公司"，目的在当市政府缺乏法律力量购买与市府计划有用而又正在出让的私人产业的时候，由公司名义可以立时购得。这些地产有时是美好的林木，有时是有历史价值的古建筑及私园，可以经过合法手续由公司再转让市府作为公园，著名的例如Blakesley Hall即是。这个组织极为特殊亦是近代社会团体购买地方历史古迹名胜捐给公家的先声。

新村的初试 1879年John Cadbury，伯明罕企业家领袖开始另一种居住情形的努力。他将他的可可糖果工厂由正在退化拥塞不适于制造食品，亦不宜于工人健康的Bridge街迁至波恩河边。在那里他创立了所谓"花园中之工厂"。十五年后卡氏见到纯为牟利的住宅，因他工厂的迁移纷纷投机活动颇为不满。他知道以往恶劣的住屋，正因这类似的情形曾迅速产生，故为防止这种投机的恶劣建造，他由1893至1899年逐渐购买从前的Bournville镇旧址。他的目的是创造廉价且美好的住宅，附于工厂左近，但不直接系属于工厂。这些住宅每所有小花园一区，他的目的是将这种"新村"的试验先例献给其他调整住宅的市镇作为参考。

在这时期英国的法律还规定着整列的"窄条后院式住屋"为通常定型，卡氏则援用各种形式以每两所或数所为一组独立的单位，他的新村最主要的特点是住户不限本厂的职工人员，这个开了近代市镇各种新村之先例。最后将这新村组织扩大，成立了信托公司，以经常建造及经理Bournville住屋为责任。1900年Bournville共有330英亩之地区，造了800所住宅。

议会通过"市镇计划法案" 到了1909年改良住宅的各种努力使议会终于通过了市镇计划法案，但他只适用于未经建造的地区，开辟交通干路，约束住宅区的性质和密度，及工业区的规定。

伯明罕又是英国第一个都市，首先应进行第一个市镇计划。所计划的地区为伯市的西南部，占地二千三百余英亩，但这一年适巧为1913年，第一次大战的前夕，一切的实际进展被战争的需要所阻止，虽然对伯市整个外围的计划仍然进行筹备，且第二个计划为伯市东部，继而市之北部，南部及西南部诸计划接踵而来，终于全英51147英亩面积中，38509英亩是有预先干线计划的。英国议会对于市镇由放任至立法管制实由于社会舆论与努力的趋势，而不是主动的。

1913年的调查 1913年伯明罕市曾组织贫民住宅现状调查会，这一次报告在欧战开始后三月完成，报告叙述全市有五万所住屋已不适居住，且若干所中住屋过于拥挤，这等于说伯市的住宅在质与量上都发生了问题。但因军火的生产加紧，调查委员会反对彻底改建，却提议立刻购置外围地区安置卫生工程，开辟新路，划出公共建筑及公园各地，将各处地区及店面出租给营建师及私人，约束其发展性质，不使再有退化，形成日后贫民窟的趋向等等。他们的希望是外围住屋租价虽较高仍可以吸引内围较优裕的住户迁至新址，市中心的经济较优住户则又可移入内围，这样向外展开的动态才可以减轻中心的拥挤，然后所空出的住屋，便可以加以彻底拆毁。委员会更提议制定旧市中心及内围的新计划，立刻毁去最恶劣的住屋，修整其余可以勉强适用者。这样和缓的调整而趋向着将来大举的建设的提议，虽极为聪明，但因战事不允许各种新建设，一切进行结果大受影响。

正在这时候，伯明罕的人口因战时工业而大增，房荒亦骤然严重。同时建设部另定工人住宅标准，规定每户睡房三间，厨厅及小客厅各一，外加浴室，冷藏，洗涤，储煤所及厕所，这标准并不算过奢，但因前此所有工人住宅情况水准过劣，骤然适应这新标准，市府在财政方面增加意外重负，无法解决。

因大战的停顿　到1919年，大战结束之后，伯市重新能够建造之时，房荒已达极度。正常时期，伯市每年所需新屋即为2500所。因为战事这五年的停顿，使伯市在清除改建已不堪的住屋之外，更急迫需要12000所新屋。许多因战时工业迁入的市民已在此住家，不再迁出。不但这大数目的新户口即需要住宅，那当时不克修整的贫民窟到了此时情况亦更恶劣。

市府担任建造的开始　这时期因物价的激增及房租的受约束使得营造工人住屋无利可乘，商家均不愿投资经营。战前市府本不愿承担这种事业，削弱商人营业机会，到了此时住宅由地方市府经营，却成为唯一解决的途径。

战后政府鼓励建造的经过及其结果　1919年通过Edison住屋法案，政府负担地方市府建造住屋的损失。同年又修正这住屋方案，对地方审定合格的营造商，给予财政上的补助。这个法案是有划时代的重要性的，因为这样政府才算首次责成市政当局供应解决各市住宅的需要，且政府承认财政上的协助。提议法案的议员，又组织调查委员会，调查结果报告伯明罕所需新屋数目为194,352所，内中150,000所为劳工家庭住宅，规定在三年中每年立即建造14,500所。当时伯市人口总数为910,000人，80%强为工业区工员。

于是同其他城市一样，伯明罕的住宅建造立时活跃。但因战后人工及建筑材料的缺乏，又产生障碍，市府曾考虑交给营造商家包工的便利，但公私两方所经营的工程都受延搁。最后又创始一种组织，商家不但投资建造，又承领建造以后的一切管理及经营。经过如此努力，结果四年中本拟建造一万所的住屋，还只建造3,234所。每所的造价约9,000至10,000磅。造价日高的因素，有一部分由于政府所答应的损失补助无限制，故地方当局对于计划材料过奢，及工程效率过低都不加注意及防范。这情形到1921年便达到顶峰。

1923年，英国经济凋敝。政府开始财政紧缩《Edison住宅法案》被修改成《Chamberlain法案》，规定每年每所住屋政府津贴六英磅，继续二十年。物费骤降及民间经济能力的减退，房屋造价亦骤然减半，但这时政府补助过低已不能激起建屋的努力。所以政府对住宅的政策大体上算是失败的。

1924年《Chamberlain法案》又改为《Whearley法案》，政府津贴每屋由六磅增至九磅，但补以地方当局也津贴四磅半的条件。同时将住屋的标准在房间面积方面都略减少，"厨厅"之外不再加小客厅，浴室与厕所合为一室，储煤及冷藏均减小。这个新法案又使建造稍稍复活，大量营建一般低薪工员可以负担的廉租住宅才又可能。

1927年法案又修正将政府津贴减至每所七磅半，地方当局津贴减至3磅15先令，但因物价亦在降落，故建造的进展又维持了六年不断。

此后八年中（一九二七——一九三五）所建住屋共为33,612

所，较之1919年法案后四年中的3,234所及1923年后四年中的3,433所，自然是大为进步。

这些大量建造及新村产生之可能，是借力于市府预先在四郊展拓未经建造的新区域。最大一次为1911年（1913大调查之前）所增辟，1928及1931年两次又稍增广。

1930年7月市府合股公司完成它的三万所住宅之时，这住宅由当时卫生部长行揭幕典礼，那一年市府所建住宅达6,715所，至今尚为最高纪录，可算市府建造之全盛时期。

1933年以后两年因物价低私人投资营建风气又炽，政府又通过法案允许典押的优待（房价90%）更鼓励商家营造。很多优裕工人当时曾是租赁市府住宅的主要分子，在这时期中愿意用分期付款方式自购商营住宅。故今日外围住宅五分之一是属于此种性质的。

虽然住宅建造颇有进展，但中心的"贫民窟"情况除增设自来水一项外实在同1918年调查时无甚分别。直至1941年贫民窟仍然存在，亟待解决。极少数的住屋虽曾拆去，大部分的不但没有拆除，情况且愈恶劣。四万三千余所所谓"背向背"式住屋，至1938年只去了四千五百所。五万八千家无单独厕所的只解决了七千家。仅有自来水一项有点进步，无单独龙头的由四万二千家降至一万三千余家。

至于分赁过挤的情形则更严重,添造房屋虽比人口增度高,但因"家庭"数目较"人口"大为激增,住宅的适应又产生这新的问题。社会人士的确曾不断热心及努力,但力量总嫌有限。著名的COPEC住宅改善协会曾在1928至1936年间预备了十九次翻修贫民住宅的计划,355所改良住宅至今还是佳例,有极高教育上的价值。

至1930年,《住屋法案》通过,又开始发动清理贫民窟运动。但1935年以后两次清除命令仍是迟缓的机构,直至1938年只有一万所的小数目,被确定为必须拆除的,事实上确实已行拆除的才有八千所。

故虽然伯市居民已有三分之一迁入1911年以后的新造的住屋,而清除贫民窟的努力同新村的滋长趋势,总是相去悬殊诚为憾事。1938年政府发起新建与清除,创立联合委员会,协商一切进行事宜,决定五年中每年最少需添造五千所新屋,但这五年总数两万五千所住宅与1935年卫生部所调查认为改善贫民窟所需要的三万所(已不堪须即拆去的17,500所,纠正分赁3,500所,及寻常需要添造的新屋10,000所,共30,000所①)相较

――――――――――
① 原文如此,此处数据似有误。

仍缺五千所。市府虽亦鼓励商营住宅来救济，但眼前伯市未建区之缺乏，使此问题的解决更加困难。

（三）研究所得的资料统计

将伯明罕市分作三重围城（Rings）——中心——内围——外围以便研究，这三个围域的特征如下：

1."中心"围域内的性质 "中心"内是许多错杂的工厂砖楼，狭迫街道及拥挤住屋。所有发展决无计划（只有1870年市长张伯伦所改辟的一条正街为例外）。50%至76%住屋为三层楼的"背向背"式住宅，排列的楼房中间夹着所谓"院场"。

约150,000人住在38,773所这最不合卫生的住屋里。这种"背向背"式的住楼最劣之处尤在它的附属厕所等设备。因为房屋的缺乏，三个住户分租一所，每层只有一间的住宅。情形至1940年尚未改善多少。

住宅本身之外，加重"中心"区域"贫民窟"——Slum——问题的为各种各级大小参差的工厂、仓库、机器房包围着民居，也错杂其间。公园的调剂经各种努力由墓地改成。

2."内围"的性质 伯市"内围"区域受到十九世纪中市政

改善及社会努力的影响，较中心为进步，但发展仍不经设计，重复中心所有的错乱。特征为"窄条后院"式的住屋的产生。这种房屋单调到极点，绝无个性。英国建筑这时正由"乔治"的黄金艺术时期骤然降落，大部分住屋都为投机取利的目的，只求密度高，毫无艺术的思想。

今日过此，仍可以穿行几英里的排列成行的红砖住屋楼，不见愉快的布置。外表点缀有时更为不伦不类。较大建筑物如学校教堂，工厂，更突兀伧俗，市容只赖商业大街两旁物品及灯光的繁盛。住宅内容在当日由"中围"区域迁来的住户看来，当然已是一种进步。但在近代标准下检查，只是不便、灌风不暖及无趣的总和。少数含有浴室，洗碗室湫隘黑暗，楼梯峻陡狭迫；但自来水已是改进的产物。第二次大战前后薪资较高的工界职工的住处以此为代表。但"内围"中Edgbaston住区则为例外。它保有"乔治"时期的风格。砖造意大利式及polladian式的廊柱门面为富裕住户的生活表现。它们前边有宽舒的林荫，数分钟的步行即可以到达郊区或公园。Edgbaston是有计划住区的好模范。即在今日仍为美丽的市容。不过它所代表的是那种只为着富户才设备愉快环境的时代，市政理想还没有萌芽。

3．**"外围"的性质** "外围"是伯市最后发展的围城。大部分是1913年以后的建设。各种住屋形式表面随各时期试验变动。营业投机在新村风气之后故有多种图案作租金的张本，市政府所营新村则简朴进步。"内围"的发展只是吞没了原有美丽乡镇及私家园地，一概造成红砖无趣的长排市屋，如杂乱的商区，这里外围发展则是有计划的新村，种树的街道和围堤，及美好的双层住宅楼屋。许多是1919年以后改善的建造。

"背向背"式住屋至1938年仍有三万余所，正是贫民窟的主体住屋。从外面走过的人绝不易注意到每个临街窗子代表着一个单另的住户，且只有一间房间。一家三个房间是重叠在三层楼中（但多分租）。第一层是厨房兼客厅12或14英尺长11英尺宽8或9英尺高，上层有时矮至6′~7′。每屋只有一面向外，分临街及向内院两排，储藏室不通空气，楼梯转折黑暗，且无扶手栏杆。内院一个水管龙头供各家公用。藏煤地窖极湿多不可用。洗衣及厕所在后院中。后院住户出入须经由两屋间窄巷。每英亩密度达60所，约200人的密度。伯市现尚有十五万人住此种住宅中。1938年卫生部调查认为此中17,500所已不堪居住，宜在五年内清除。

"窄条后院"式住屋的产生在法律规定住屋须两面通气的限制以后。这种排列法巧妙的避免在一块深度地皮上有增加街道的必要，而同时不违法。重复的长列，同样的内容，密度每英亩20~30所。这密度虽已比"背向背"式减低，但仍不能有足够的阳光及良好的布署。这种房屋成为各大城市普遍形式，租金1914年每周约6.5至12.5先令（背向背式则在3至6先令）。

此式后来略有改进，前加小圃，虽不能种多少花木，但可容一个突出窗（Bay-window）。此式带突窗的住宅当时地位大为高雅，与今日两屋相连的独立住宅差不多，为境况较丰的表示。有时内部一旁加窄长的甬道，由入口至厨房，其特征是阴黯无光，虽然法律规定的目的是在多得光线与空气。

"普遍"式住宅的产生在"花园新村"受到社会的注意以后，它们有时两所相连，有时四所或六所合成一组。标准内容是两厅三卧室，梯道、厨房、浴室厕所及小储藏冷室及煤棚。

这种房子的大体形式及内容在各城里几乎一律，所以被称为"普遍式"内容的改进极为显著，环境舒旷。故虽然这种住宅多在距离中心工作区更远的地带，但仍能大量吸引"内围"较优裕的住户由"窄条后院"式的住区迁来居住。

投机商人一面见到它们的受欢迎，一面又见到它所需要的地皮大过其旧时样式甚多，会减弱他们的利润。故商营住宅虽用这同一平面，但在形式及装饰上却出了许多花样，以求迎合赁户的虚荣心理，作为较高租金的理由。庞杂伦俗非艺术的变化成为风气。市府所建新村即在这方面加以纠正，多用简洁的风格，使整区归于典雅，以后的进步是要在材料的选择，布署的更合理，街道的林木及公共娱乐中心的各方面。

表一　住宅数目及建造时期百分比表

围域	住宅数目 (1938 年 10 月 1 日)	1941 年 及以前	1915—20	1921—30	1931—8
		%	%	%	%
中心	46.851	98.9	—	0.5	0.6
内围	79.308	92.2	—	5.6	2.2
外围	162.677	40.5	0.1	31.1	28.3
全市	288.888	66.3	0.1	18.1	15.6

　　住屋总数为廿八万余所，其中十万所为1920年以后所建。调查实况，2/3的低薪阶级仍住1914年以前的房屋。中心区大部房屋已过50年，标准落伍，在廿年内必须完全代以新屋；卫生部报告17,000余所已不堪居住。外围在1930年以后建。

表二　住宅种类表

围域	(1) 标准式（完整 住宅独户居住)	(2) 完整住 宅一间以上 房间分组	(3) 公寓住 宅厨厕公用	(4) 公寓住 宅厨厕自用	(5) 合坊 公寓（Block Flat)
	%	%	%	%	%
中心	94.0	2.0	2.0	1.1	0.8
内围	92.8	3.2	3.3	0.7	—
外围	95.8	1.3	1.8	1.0	0.1
全市	94.6	2.0	2.2	0.9	0.2

表三　住宅大小表

围域	每□□□□①				
	1 或 2	3	4	5	6 以上
	%	%	%	%	%
中心	1.7	49.6	18.9	20.3	9.5
内围	0.9	15.1	22.1	39.9	22.1
外围	0.6	4.0	26.9	49.6	18.9
全市	0.9	15.7	24.0	41.2	18.0

★造数之低，指示未经建造地区已所余无多。

---

① 原稿字迹不清。

伯市"分租"及住公寓的习惯比他城弱；公寓除却市府的试验设计二三处外尚不多见。但这表所谓"分租"乃指将住宅内分出房间租与他户，不管设备及家具而言。将自己陈设的房间随时短期分租者并不包括。

由人口调查统计中得知伯市81%的家庭人数为四人及不到四人者，过六人者只有3.8%。用种种分析研究，均以每两人需一个卧室计算为适当。故此点指示全市仅1/5的住屋需要三个或三个以上的卧房，而4/5只需两间卧室。为将来建造新屋的参考，表四意义最大，它指出今日伯市租金负担的比例，40%在10先令以下，20%在8先令以下，且在中心区付10先令以下者达71%。今日市营住宅新村的租金虽约为10先令，但"外围"一切生活所需的价格比中心高，而市营住宅中，三卧室者租金较商营同大小者略高（市营住宅两卧室者则较商营为低），由"中心"迁至"外围"者，可能影响他整部生活费增加至1/3，这点将来不可不顾虑到。

伯市自置房产的住户总数仅14%，其中6/10强仍为分期偿款者或负典押债务者；绝无房金负担的住户实际上仅5%。因为家庭增加率与人口增加率不同，伯市人口虽稍减，但因家庭数增加，在数十年内住宅的数目必不比今日低，但房间数目多的住屋则可略减。在"中心"及"内围"多单身住户，因家庭消散，所余鳏寡老者，因新住宅太大，所以没有迁移的理由。此点指示将来新屋中必须包含若干老人住宅。

表四　各区商营住宅最通常租金比较表

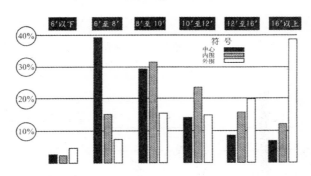

黑色条指示市中心极低租金住宅百分率之高；灰色条所示者为"内围"；白色条则指示"外围"。最可注意之点在市中心住宅的租金，将近百分之四十在6先令与8先令之间，而外围住宅租金乃有将近百分之四十在16先令以上。可知最低租金住宅仍多在市中心，所以较贫穷的住户仍趋向留居在市中心。

表五　住户在所住区工作者百分比表

区域	市营住宅住户	其他住宅住户
	%	%
1 中心	★	58.2
2 西北	9.0	22.8
3 东北	46.6	44.8
4 东	29.8	34.8
5 东南	23.1	29.8
6 西南	41.9	53.6
7 西	★	27.9

★数目太小不足以作统计

市营住宅住户在本区工作者较其他住户少的原因是因为市营住户多近代所建在外围较远地区。第三及第六两区居民之所以多在本区之故因市营新村靠近几个大工厂。

表六　每周车资所费表

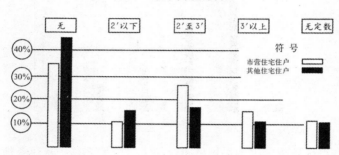

表七　主要生活维持人达到工作地所费时间表

区域	0──15 分	15──30 分	30──45 分	45 分以上	无定时
1	45.4%	30.4%	7.8%	6.6%	9.9%
2	26.1%	38.4%	16.0%	10.0%	9.4%
3	30.7%	38.6%	14.1%	7.8%	8.7%
4	24.5%	41.6%	16.8%	8.6%	8.6%
5	23.0%	38.3%	16.3%	9.7%	12.7%
6	26.6%	35.5%	15.1%	12.3%	10.5%
7	35.6%	32.3%	13.7%	10.7%	7.7%

经统计，平均全市工作人员之45%不用车费。费三先令以上者为11%强，五先令者3%。约1/8的工作人员居处距工作地点在四英里以外。这个情形与伦敦相较实算从容。

这种距离，除费用外，更可影响工人回家午餐；如果行程超过15分钟，回家午餐即不可能，这点亦即直接影响工人生活情形。

表八　主要生活维持人中午回家者百分比表

围域	中午回家者	中午不回家者	中午已在家者如夜工或午前下工者
中心	34.9%	52.1%	13.0%
内围	30.2%	57.4%	12.4%
外围	22.5%	69.2%	8.3%
全市	26.9%	62.7%	10.3%

表九　空地分配表

(1) 围域	(2) 公园游戏场等地面积	(3) 各围城总面积	(4) (2) 与 (3) 之比例	(5) 人口	(6) 每千人所得空地面积
	英亩	英亩	%	人	英亩
中心	35	3,023	1.2	187,900	0.2
内围	422	8,944	4.7	288,600	1.6
外围	3,342	39,180	8.5	571,500	5.8
全市	3,833	51,147	7.5	1,048,000	3.8

表十　英国八城市人口每千所得空地表

市名	每千人所分配面积
Leeds	6.5英亩
Newcastle—on—Tyne	4.3英亩
Birmingham	3.8英亩
Manchester	2.9英亩
Glasgow	2.8英亩
Liverpool	2.5英亩
Cardiff	2.0英亩
London	1.9英亩

近代称公园为"市镇之肺"。伯市公园面积与英国各大城市相比，显然是充足的；但与人口比率仍为不足。全国运动协会建议标准，单算运动所需，即为每千人六英亩，为环境改善的公园尚不在内。表中数字尤指示三个围域中情形的悬殊。且

中心区公园多半是小区只有一英亩左右，离合理标准甚远。

表十一之一　晴天儿童游戏地点百分比表（周日内）

围城	屋内	院内	花园	街上	废地	学校游戏场	公共游戏场	公园	前列各处均有	他处或不游戏
	%	%	%	%	%	%	%	%	%	%
中心	12.4	20.3	3.8	18.9	0.2	0.3	2.4	4.3	31.9	5.5
内围	20.6	5.3	8.6	13.9	—	0.9	0.6	5.6	37.0	7.5
外围	24.3	1.1	17.3	13.9	1.1	0.3	0.5	1.8	30.9	8.8
全市	20.6	6.6	12.0	15.0	0.6	0.4	1.0	3.3	32.6	7.9

之二（星期末及放假日）

围城	屋内	院内	花园	街上	废地	学校游戏场	公共游戏场	公园	前列各处均有	他处或不游戏
	%	%	%	%	%	%	%	%	%	%
中心	3.2	20.1	3.2	16.4	—	3.2	1.6	12.2	30.0	10.1
内围	10.2	4.5	10.2	12.4	—	—	—	4.0	41.8	16.9
外围	11.7	—	18.5	8.6	0.5	—	1.6	7.0	39.0	13.1
全市	9.4	5.7	13.1	11.2	0.3	0.7	1.2	7.5	37.4	13.5

　　儿童游戏场问题与公园有相连的关系。一般人认为即使设有公园，儿童仍爱在街旁嬉戏。为研究这种言论有无事实根据得上述统计。结果：（1）证实公园并不被多用，连放假日都如此。（2）观察在缺乏公园的中心区，儿童在公园消遣的比例上却比外围儿童还多。推究原因，可以明了主要原因是公园过大相距甚远，不便于幼龄儿童。故设备邻近住宅的小块游戏场极为重要。（3）儿童在街上游玩的较他处并不占上峰。（4）儿童在家中游玩多因住房过小而受限制。

表十二　花园情形表

围域	爱花园者			不爱花园者		
	好	平	劣	好	平	劣
	%	%	%	%	%	%
中心	33.4	44.6	22.0	—	24.2	75.8
内围	34.4	46.3	19.3	3.0	39.7	57.3
外围	44.5	43.4	12.1	9.7	29.1	61.2
全市	40.9	44.3	14.8	5.9	31.9	62.2

表十三　无花园者对于花园愿望表

围域	愿有花园者	不愿有花园者	无意见者
	%	%	%
中心	78.7	20.3	1.0
内围	75.3	22.1	1.6
外围	82.9	15.2	1.9
全市	78.1	20.3	1.6

统计证实住户对园圃之爱憎恰与事实上花园之受整治与否平行。但调查所访问的7,023家中，6,491家表示要一个自己的花园。这表示这点在新建设上实不得不注意。

表十四　留住现住住宅之原因

原　因	中　心	内　围	外　围
	%	%	%
离丈夫（或主要生活维持人）工作地近	63.6	57.1	36.4
爱住近市中心	59.3	44.5	9.2
房租低	55.8	44.2	32.4
离朋友们近	38.1	36.2	26.0
喜欢这房子	35.1	59.9	61.3
若迁移恐须多出租金	30.3	36.5	26.8
另外找不着房子	24.2	28.4	35.4
憎恶迁移的麻烦和费用	21.2	30.0	27.8
是当地教堂、俱乐部或团体的会员	19.5	18.8	10.8
喜欢花园	18.6	39.4	49.9
其他原因	5.2	5.1	5.6
愿意不住在市中心	3.0	14.2	57.1
房子是自己的产业	1.7	7.5	16.6

表十五　愿意迁移之原因

原　　　因	中　心	内　围	外　围
	%	%	%
愿住较佳的房子	89.9	80.1	61.8
想要个花园	66.7	45.2	22.7
愿住一所新房子	47.3	58.9	51.0
愿离郊外或公园较近	45.7	54.1	16.0
愿离市中心较远	36.4	43.1	15.5
愿离丈夫（或主要生活维持人）工作地近	18.6	24.0	36.1
愿离朋友们较近	8.5	10.9	11.8
其他原因	8.5	24.6	24.7
愿离市中心较近	7.0	9.8	19.1
愿住在公寓里	5.4	2.0	2.6
现在租金太高	4.6	17.8	24.2

关于表十四及十五请参阅主要问题回答表。

表十六　住户希望迁移与否百分表

	中　心	内　围	外　围	全　市
	%	%	%	%
希望迁移的住户	55.8	39.1	27.8	36.0
不愿迁移的住户	44.2	60.9	72.2	64.0

　　据表十四显示，住户想要迁移的原因，住在市中心者百分之九十是要换所好一点的住宅，而只有百分之十九是要接近工作地点。外围住户则亦有百分之六十二要较优的住处，而有百分之三十六要接近工作地。各围的问题，由于这个方面的调查，又更为明晰。

（四）原则的提议及结论

　　波恩维尔研究组在他们详细调查分析统计伯明罕市的住宅

问题以后论点约略如下：

他们用社会调查方式来研究住宅问题，就是承认"人的因素"的重要。他们不只问房子如何，他们所需要的是住户们如何生活的。同住处相连的问题是工作地点，生活状况，关系于这两个前题上。这个立刻将庞大的工业及其所需的大量人口，及这些人工的一切生活，牵在一个问题以内。他们认为每个已发展的工业大城，今日必须选择决定它要再加扩展的政策，还是要节制展大趋向的计划。无论如何每市为解决工业及居民需要的展动与乡郊及邻镇都有密切的牵连，因此它是普遍的为全国乡区设计问题。故建议：

（1）宜设立负责的全国设计委员会作总的规定及计划。

地区的支配为设计的关键，如个人产业同公共福利的整体设计发生抵触时，当局必须有法律根据可以处置办理。政府如何酬偿私人牺牲出让的各种地区的细则，虽不在这研究的范围内，但应付地区分配的法律，则认为必须产生。故建议：

（2）支配地产为公共利益的使用，必须修改现有法则。

因伯市近三十年来所吞并的郊野已达极大面积，将建造地区展至极大限度，过此则市心与市郊距离将不能解决居住问题反而产生严重不便，加甚市区的不健康。故建议：

（3）限制再展市境，保留"绿带"郊区。

因伯市"中心"房屋人口双重密度之高，地区有限而重工业又不能移动，工厂与工人住处两面都需要隙地，而双方寸步不能开展。建议：

（4）（a）创立"附庸新镇"（Satellite Towns）。伯市工业种类极多，有可移与不可移性质的分别。选择其可移的数种配合成小组迁至"附庸新镇"，以减轻中心压力腾出隙地。这种新镇距市边境二十英里至三十英里为最便。以特别快车联络，则在时间上可在半小时以内到达市区。

（b）在拥挤地带创立"集合工厂大厦"（"Flatted" Factories）。伯市有一万二千家轻工业，每厂只需百余工人。将这些集中于五六层楼工业大厦中，虽不能减轻人口密度但可以救济地区的拥挤，增出空场集中公共卫生及福利设备。

（c）必须留在旧地的著名的重工业工厂近旁所腾出的隙地重新做近代分配。

（d）与重工业工厂相连，必须留在中心的住户，宜用近代数层公寓大厦，借立体扩展以补地区的不足。以近代的设备，改善住屋的供应且节省面积以留出合理的空场。如今日已建在Emily street的公寓及mansonette集体小住宅及Terrace House等。为使必须拆除的旧屋与新造新屋之间和缓经常的进展。建议：

（5）规定寻常住宅年数的限制。

伯市中心街道之不合用已不可讳认，如果对地区之分配使用，政府有正当权限，直通的交通干道与林荫大道都必须经营，建议：

（6）建造林荫大道，在最近可能时间内以补公园之不足。

鉴于近来所建新村的缺乏公共生活兴趣的中心，住户之间失却当时集居睦邻情感的自然表现，新村住宅竟变成一种宿舍，无村镇家园的意义，故建议：

（7）市府应协助鼓励社交福利中心的设立，如有幼稚园，卫生处，图书馆及小礼堂的集中建筑物，以便社交生活的产生及共同兴趣的增进。

结论 由于各种实况的调查，研究组先得了三个结论：

（一）如果不先作全市的统筹计划，并且如果对"地区的应用"没有法律来制裁和决定其适当分配时，局部的改善影响了全市系统的失败。

（二）每个问题的解决，在市政调整的程序中，都借力于多面关联的许多因素。所以住宅整体的改善，任何个别单面的处置都不能圆满胜任。

（三）一切提议仍只是原则上纲领，细项改善须在实行时逐步解决，与环境调整。

（五）参考提示

1. 上项资料是关于一个已经过度发展的工业城里的住宅问题。经类似"社会调查"的方法，将一切居住情况作出统计。我们所得到的是经各时代发展而造成的拥挤情况及拥挤原因。

2. 这调查的价值就在于实况报告可以指示具体解决途径，避免纯粹的理论改善原则。这实况报告目的即在于改善，故供给各方面的确实数字，而同时暴露任何变动在实际上的困难。指出许多"调整"陷于事实上的矛盾，提倡不得已的解决方式，牵涉到迁移一部分工作中心的办法。因住的环境的优美条件显而易见，故他们不惜费时再加以讨论。这里许多数字都是指出住的条件与工作的连带关系。第一重要的是住与工作的距离；地区上的距离；借交通工具在时间上的距离；因交通工具每个工作人员每日车费的负担；及使住与工作脱节的危机。

在理论上所应有的良好配置，今日大半因交错的既成事实之存在，难于实施，故今后彻底的改善，必须由全市统筹的计划入手：一方面用和缓分期拆移的程序，达到计划上的分配；另一方面迅速开辟新工作中心，以产生新的居住区域，逐渐疏散现存市民的密度，亦即消除贫民窟的最基本步骤。

3. 以伯市工业之盛，经济力量之雄厚，一世纪来竟无法消除拥挤及不卫生的贫民居宅区，这个事实应使我们惊讶警惕，它的原因我们应加以认识。这调查团的结论是，以往的错误由于过分限于局部改善，改善的各种条件，因已限定的情况，竟成互相抵触的因素。如接近工作时间经济的地区，可能即成为围绕工作中心过于拥挤的地区，缺少空地林木，不合卫生的区域。如在交通上加以便利，可能因添设支线而加增复杂情形及居民负担。如发展工作厂地，使不超过现代化的合理密度，必须增加工业地区的面积，这又等于进迫本已有限的工人居住面积，更使其拥挤。如无限制的仅是使居宅向外扩展，则最外围的住宅与中心的工作距离愈增，交通与时间的经济便又成问题。故今后必须大规模的全盘筹划，加辟新中心，乃至于将工业的一部分移出旧有已过密的中心。经济不允许我国重蹈他们的覆辙。我们今后救济住宅房荒，绝不宜在市中区增设不已，以求目前及局部的救济。在旧市左近必须开辟新的，疏离的，若干工作的中心，各中心间设置交通干线。

4. 因私人地产权利之足以妨碍全市计划上合规的地区分配，这调查会认为最基本的改善需先增加政府对地区使用之法律上权限。这一点颇为重要。中国郊区多为耕地，市区内房屋简陋者居多，工业尚未正式开展。开辟新区，重划旧区，及拆建移建均较简便，主要点在于地主之公益观念，及政府的地区使用权的规定。

我们一切正在开始，宜早拟研究定出计划，逐步推进，不宜失却机会。

祖国的建筑传统与当前的建设问题

两年多以前,解放了的中国人民就开始了全国性的建设工作。从那时到今天这短短的期间内,全国人民所建造的房屋面积比以往五千年历史中任何一个三年都多。土地改革后的农村中出现了数以百万计的新农舍;城市中出现了无数的工厂、学校、托儿所、医院、办公楼、工人住宅和市民住宅。通过这样庞大规模的工作,全国的建筑工人、建筑师和工程师都不断地提高了自己的政治觉悟,以最愉快的心情和高度的热情接受了全国人民交给他们的光荣任务——全心全意地进行一切和平建设,为美好的社会主义社会打下基础。

过去一世纪以来,我国沿海岸的大城市赤裸裸地反映了半

注:原载 1952 年 9 月 16 日《新观察》第 16 期,署名:梁思成,林徽因。

殖民地的可耻的特性。上海是伦敦东头的缩影，青岛和大连的建筑完全反映日耳曼和日本的气氛。官僚地主丧失了民族自尊心，买办们崇拜外国商人在我们的土地上所蛮横地建造的"洋楼"，大城市的建筑工人也被迫放弃了自己的传统和艺术，为所谓"洋式建筑"服务。我国原有的建筑不但被鄙视，并且大量地被毁灭，城市原有的完整性，艺术风格上的一致性，被强暴地破坏了。帝国主义的军事、经济、文化的侵略本质，在我们许多城市中的建筑上显著而具体地表现了出来。

建筑本来是有民族特性的，它是民族文化中最重要的表现之一；新中国的建筑必须建筑在民族优良传统的基础上，这已是今天中国大多数建筑师们所承认的原则。凡是参加城市建筑设计的建筑师们都负有三重艰巨任务：他们必须肃清许多城市中过去半殖民地的可耻的丑恶面貌，必须恢复我们建筑上的民族特性，发扬光大祖国高度艺术性的建筑体系；同时又必须吸收外国的，尤其是苏联的先进经验，以满足新民主主义的经济建设和文化建设中众多而繁复的需求，真正地表现毛泽东时代的新中国的精神。

在人类各民族的建筑大家庭中，中华民族的建筑是一个独特的体系。我们祖先采用了一个极其智慧的方法：在一个台基上用木材先树立构架以负荷上部的重量；墙壁只做分隔内外的作用而不必负重，因而门窗的大小和位置都能取得最大的自由，不受限制。这个建筑体系能够适应任何气候，适用于从亚热带到亚寒带的广大地区。这种构架法正符合现代的钢架或钢筋水泥构架的原则，如果中国建筑采用这类现代材料和技术，在大体上是毫不矛盾的。这也是保持中国风格的极有利条件。

我们古代的建筑匠师们积累了世代使用木材的特别经验，创造了在柱头之上用层叠的挑梁，以承托上面横梁，使得屋顶部分出檐深远，瓦坡的轮廓优美。用层叠挑出的木材所构成的每一个组合称做"斗栱"。"斗栱"和它们所承托的庄严的屋顶，都是中国建筑上独有的特征，和欧洲教堂石骨发券结构一样，都是人类在建筑上所达到的高度艺术性的工程。我们古代的匠师们还巧妙地利用保护木材的油漆，大胆地把不同的颜色组成美丽的彩画、图案；不但用在建筑内部，并且用在建筑外部檐下的梁枋上，取得外表上的优异的效果。在屋瓦上，我们也利用有色的琉璃瓦。这种用颜色的艺术是中国建筑体系的一个显著特征。在应用色调和装潢方面，中国匠师表现出极强的控制能力，在建筑上所取得的总效果都表现着适当的富丽而又趋向于简练。另外还有一个特点：在中国建筑中，每一个露在外面的结构部分同时也就是它的装饰部分；那就是说，每一件装饰品都是加工了的结构部分。中国建筑的装饰与结构是完全统一的。天安门就是这一切优点的卓越的典型范例。

在平面布置上，一所房屋是由若干座个别的厅堂廊庑和由它们围绕着而形成的庭院或若干庭院组合而成的。建筑物和它们所围绕而成的庭院是作为一个整体而设计的。在处理空间的艺术上也达到了最高度的成就。

中国的建筑体系至迟在公元前十五世纪已经形成，至迟到汉朝（公元前二〇六—公元二二〇年）就已经完全成熟。木结构的形式，包括梁柱、斗栱和屋顶，已经被"翻译"到石建筑上去了。中国建筑虽然也采用砖石建造一些重要的工程和纪念性的建筑物，但仍以木结构为主，继续发展它的特长，使它日臻完善，这样成功地赋予纯粹木构建筑以宏大的气魄，是世界各建筑体系中所没有的现象。

这种庄重堂皇的建筑物最卓越显著的范例莫如北京的宫殿，那是所有到过北京的人们所熟悉的。当然，还有各地的许多庙宇衙署也都具有相同的品质。它们都以厅堂、门楼、廊庑以及它们所围绕着的庭院构成一个有机的整体，雄伟壮丽，它们能给人以不易磨灭的印象。这种同样的结构和部署用作住宅时，无论是乡间的农舍还是城市中的宅第，也都可以使其简朴而适合于日常工作和生活的需要。

古代木结构中一些个别罕贵重要的文物是应当在这里提到的。山西省五台山佛光寺的正殿是一座八五七年建造的佛教建筑，至今仍然十分完整。河北省蓟县的独乐寺中，立着中国第二古老的木建筑。一座以两个正层和一个暗层构成的三层建筑也已经屹立了九百六十八年。这三层建筑是围绕着国内最大的一尊泥塑立像建造的。上两层的楼板当中都留出一个"井"，让立像高贯三楼，结构极为工巧。

木结构另一个伟大的奇迹是察哈尔应县佛宫寺的木塔，有五个正层和四个暗层，共九层，由刹尖到地面共高六十六米。这个极其大胆的结构表现了我国古代匠师在结构方面和艺术方面无可比拟的成就。再过四年，这座雄伟的建筑就满九百年的高龄了。

从这几座千年左右的杰作中，我们不仅可以看到中国木构建筑的纪念性品质和工巧的结构，而且可以得出结论，这种木结构之所以能有这样的持久性，就是因为它的结构方法科学地合乎木材的性能。

年龄在七百年以上的木建筑，据建筑史家局部的初步调查，全国还有三十余处。进一步有系统的调查，必然还能找到更多的遗物。可惜这三十余处中已经很少有完整的全组，而只是个别的殿堂。成组的如察哈尔大同的善化寺（辽金时代）和山西太原的晋祠（北宋）都是极为罕贵的。北京故宫——包括太庙（文化宫）和社稷坛（中山公园）——全组的布局，虽然时代略晚，但规模之大，保存之完整，更是珍贵无比的。

在砖或石的建筑方面，古代的工程师和建筑师们也发挥了高度的创造性。在陵墓建筑，防御工程，桥梁工程和水利工程上都有伟大的创造。

著名的万里长城起伏蜿蜒在一千三百余公里的山脊上，北京的城墙和巍峨的城门楼是构成北京的整体的一个重要因素。它们不是没有生命的砖石堆，而是浑厚伟大的艺术杰作。在造桥方面，一千三百年前建造的河北省赵县的大石桥是用一个跨度约三七.五〇公尺的券做成的"空撞券桥"。像那样在主券上用小券的无比聪明的办法，直到一九一二年才初次被欧洲人采用；而在那样早的年代里，竟有一位名叫李春的匠人给我们留下这样一件伟大壮丽的工程，足以证明在那时候以前，我国智慧的劳动人民的造桥经验，已经是多么丰富了。

今日在全国的土地上最常见的砖石建筑是全国无数的佛塔，其中很多是艺术杰作。河南省嵩山嵩岳寺的砖塔是我国佛教建筑中最古老的文物，建于五二〇年，也是国内现存最古老的砖建筑。它只是简单地用砖砌成，只有极少的建筑装饰。只凭它十五层的叠涩檐和柔和的抛物线所形成的秀丽挺拔的轮廓，已足以使它成为最伟大的艺术品。在河北省涿县的双塔上，十一世纪的建筑师却极其巧妙地用砖作表现了木构建筑的形式，外表与略早的佛宫寺木塔几乎完全一样。虽然如此，它们仍充分地表现了砖石结构浑厚的品质。

砖石建筑在华北和西北广泛地被采用着，它们都用筒形券的结构。当以砖石作为殿堂时，则按建筑物纪念性之轻重，适当地用砖石表现木结构的样式。许多所谓"无梁殿"的建筑，如山西太原永祚寺明末（一五九五年）的大雄宝殿都属于这一类。

检查我们过去的许多建筑物，我们注意到两种重要事实：一、无论是木结构或砖石结构，无论在各地方有多少不同的变化，中国建筑几千年来都保持着一致的、一贯的、明确的民族特性。二、我们古代的匠师们善于在自己的传统的基础上适当地吸收外来的影响，丰富了自己，但从来没有因此而丧失了自己的民族特性。千余年来分布全国的佛教建筑和伊斯兰教建筑最清晰地证明了这一点。

但是自从帝国主义以武力侵略我国，文化上和平而自然的交流被蛮横的武力所代替以来，情形就不同了。沿海岸和长江上的一些"通商口岸"被侵略者用他们带来的建筑形式生硬地移植到原来的环境中，对于我国城市的环境风格加以傲慢的鄙视和粗暴的破坏。学校里训练出来新型的知识分子的建筑师竟全部放弃中国建筑的传统，由思想到技术完完全全的摹仿欧美的建筑体系，不折不扣地接受了欧美建筑传统，把它硬搬到祖国来。过去一世纪的中国建筑史正是中国近代被侵略史的另一悲惨的版本！

从清朝末年到解放以前，有些建筑师们只为少数地主、官僚、买办建造少数的公馆、洋行、公司，为没落的封建制度和半殖民地的政治经济服务。因为殖民地经济的可怜情况，建筑不但在结构和外表方面产生了许多丑恶类型，而且在材料方面，在平面的部署方面都堕落到最不幸的水平。

建筑师们变成为帝国主义的经济、文化侵略服务。同时蔑视自己本国艺术遗产、优秀工匠和成熟而优越的技术传统。此后任何建筑作品都成了最不健康的殖民地文化的最明显的代表，反映着那时期的畸形的政治经济情况。到了解放的前夕，每一个爱国的建筑师越来越充满了痛苦而感到彷徨。

祖国的解放为我们全国的建筑师带来了空前的大转变。我们不但忽然得到了设计成千上万的住宅、工厂、学校、医院、办公楼的机会，我们不但在一两年中所设计的房屋面积就可能超过过去半生所设计的房屋面积的总和乃至若干倍，最主要的是我们知道我们的服务对象不是别人，而是劳动人民。

我们是为祖国的和平的社会主义事业而建设，也是为世界的和平建设的一部分而努力。我们集体工作的成果将是这新时代的和平民主精神的表现。我们的工作充满了重要意义，在今天，任何建筑师，无论在经济建设或文化建设中，都是最活跃的一员。我们为这光荣的任务感到兴奋和骄傲。但是我们也因此而感到还应当以更严肃的态度担负起这沉重的责任。

这许多重大的意义，建筑师们不是一下子就认识到的。由于过去的习惯，起初我们只见到因为建造的量的增加使我们得以"一显身手"的许多机会，但很快地一个严重的问题使我们思索了。这么大量的建造之出现将要改变祖国千百个城市的面貌。

我们应该用什么材料、什么结构、什么形式来处理呢？这是需要认真的思虑的，是必须有正确领导的，是不能任其自流和盲目发展的。好在在这里，共同纲领的文化教育政策已给了我们一个行动指南。这就是毛主席所提出的新民主主义的文化教育政策。

遵照毛主席在《新民主主义论》中对于新文化的英明正确的分析，中国的新文化是民族的。它是反对帝国主义压迫，主张中华民族的尊严和独立的。它是我们这个民族的，带有我们的民族特性。因此新中国的建筑当然也"应有自己的形式，这就是民族形式。民族的形式，新民主主义的内容"。

中国的新建筑必须是"科学的。……主张实事求是，主张客观真理，主张理论与实践一致的"，"……是从古代的旧文化发展而来"的。新中国的建筑师"必须尊重自己的历史，决不能割断历史。……尊重历史的辩证法的发展，而不是颂古非今……不是要引导他们（人民群众）向后看，而是要引导他们向前看"。

这个新建筑"是大众的，因而即是民主的，它应为全民族中百分之九十以上的工农劳苦民众服务。……把提高和普及互相区别又互相联结起来"。

有了这样明确而英明的指示，建筑师们就应当认清方向，满怀信心，大踏步向前迈进。我们必须毫不犹豫地，无所留恋地扬弃那些资本主义的，割断历史的世界主义的各种流派建筑和各流派的反动理论；必须彻底批判"对世界文化遗产的虚无主义态度以及忽视民族艺术遗产的态度"（苏联建筑科学院院长莫尔德维诺夫语）。

不可否认的，目前首先亟待解决的是广大劳动人民工作和居住所大量需要的房屋的问题；目前所要达到的量是要超过于质的。但是我们相信，普及会与提高"互相联结起来"的。毛主席告诉我们："随同经济建设高潮的到来，不可避免地将要出现一个文化建设的高潮。"

新中国的建筑师们正在为伟大的和平建设努力。我们目前正在为大规模的经济建设贡献出一切力量，但同时也必须准备迎接文化建设的高潮。新的设计必须努力提高水平。研究、理解、爱好过去的本国建筑的热情必须培养起来。在中央文化部的领导下，整理艺术遗产的工作已在每日加强。在中央教育部的领导下，在培养下一代的建筑师的教学方针上，已采用了苏联的先进教学计划，在创造中注重民族传统已是一个首要的重点。

全国人民有理由向建筑师们要求，也有理由相信，在很短的期间内，在全国的一切建筑设计中，新中国的建筑必然要获得巨大的成就，建筑师们的设计标准必然会显著地提高，因为我们会再度找到自己的传统的艺术特征，用最新的技术和材料，发展出光辉的、"为中国人民所喜爱"的、不愧为毛泽东时代的中国的新建筑。那就是新民主主义的，亦即我们"民族的、大众的"建筑。

北京——都市计划的无比杰作

人民中国的首都北京，是一个极年老的旧城，却又是一个极年轻的新城。北京曾经是封建帝王威风的中心，军阀和反动势力的堡垒，今天它却是初落成的，照耀全世界的民主灯塔。它曾经是没落到只能引起无限"思古幽情"的旧京，也曾经是忍受侵略者铁蹄践踏的沦陷城，现在它却是生气蓬勃地在迎接社会主义曙光中的新首都。它有丰富的政治历史意义，更要发展无限文化上的光辉。

构成整个北京的表面现象的是它的许多不同的建筑物，那

注：原载《新观察》1951年4月第2卷7~8期，署名：梁思成。但梁先生附注了"本文虽是作者答应担任下来的任务，但在实际写作进行中，都是同林徽因分工合作，有若干部分还偏劳了她"的声明。故此，本篇文章也一并收入本集。

显著而美丽的历史文物，艺术的表现：如北京雄劲的周围城墙，城门上嶙峋高大的城楼，围绕紫禁城的黄瓦红墙，御河的栏杆石桥，宫城上窈窕的角楼，宫廷内宏丽的宫殿，或是园苑中妖媚的廊庑亭榭，热闹的市心里牌楼店面，和那许多坛、庙、塔寺、第宅、民居。

它们是个别的建筑类型，也是个别的艺术杰作。每一类，每一座，都是过去劳动人民血汗创造的优美果实，给人以深刻的印象；今天这些都回到人民自己手里，我们对它们宝贵万分是理所当然。但是，最重要的还是这各种类型，各个或各组的建筑物的全部配合：它们与北京的全盘计划整个布局的关系；它们的位置和街道系统如何相辅相成；如何集中与分布；引直与对称；前后左右，高下起落，所组织起来的北京的全部部署的庄严秩序，怎样成为宏壮而又美丽的环境。

北京是在全盘的处理上才完整的表现出伟大的中华民族建筑的传统手法和在都市计划方面的智慧与气魄。这整个的体形环境增强了我们对于伟大的祖先的景仰，对于中华民族文化的骄傲，对于祖国的热爱。北京对我们证明了我们的民族在适应自然，控制自然，改变自然的实践中有着多么光辉的成就。这样一个城市是一个举世无匹的杰作。

我们承继了这份宝贵的遗产，的确要仔细的了解它——它

的发展的历史，过去的任务，同今天的价值。不但对于北京
个别的文物，我们要加深认识，且要对这个部署的体系提高理
解，在将来的建设发展中，我们才能保护固有的精华，才不至
于使北京受到不可补偿的损失。并且也只有深入的认识和热爱
北京独立的和谐的整体格调，才能掌握它原有的精神来作更辉
煌的发展，为今天和明天服务。北京城的特点是热爱北京的人
们都大略知道的。我们就按着这些特点分述如下。

我们的祖先选择了这个地址

北京在位置上是一个杰出的选择。它在华北平原的最北
头；处于两条约略平行的河流的中间，它的西面和北面是一弧
线的山脉围抱着，东面南面则展开向着大平原。它为什么坐落
在这个地点是有充足的地理条件的。选择这地址的本身就是我
们祖先同自然斗争的生活所得到的智慧。

北京的高度约为海拔五十公尺，地质学家所研究的资料告
诉我们，在它的东南面比它低下的地区，四五千年前还都是低
洼的湖沼地带。所以历史家可以推测，由中国古代的文化中
心的"中原"向北发展，势必沿着太行山麓这条五十公尺等高
线的地带走。因为这一条路要跨渡许多河流，每次便必须在每
条河流的适当的渡口上来往。当我们的祖先到达永定河的右岸
时，经验使他们找到那一带最好的渡口。这地点正是我们现在

的卢沟桥所在。

渡过了这个渡口之后，正北有一支西山山脉向东伸出，挡住去路，往东走了十余公里这支山脉才消失到一片平原里。所以就在这里，西倚山麓，东向平原，一个农业的民族建立了一个最有利于发展的聚落，当然是适当而合理的。北京的位置就这样的产生了。并且也就在这里，他们有了更重要的发展。

同北面的游牧民族开始接触，是可以由这北京的位置开始，分三条主要道路通到北面的山岳高原和东北面的辽东平原的。那三个口子就是南口，古北口和山海关。北京可以说是向着这三条路出发的分岔点，这也成了今天北京城主要构成原因之一。北京是河北平原旱路北行的终点，又是通向"塞外"高原的起点。我们的祖先选择了这地方，不但建立一个聚落，并又发展成中国古代边区的重点，完全是适应地理条件的活动。

这地方经过世代的发展，在周朝为燕国的都邑，称做蓟；到了唐是幽州城，节度使的府衙所在。在五代和北宋是辽的南京，亦称做燕京；在南宋是金的中部。到了元朝，城的位置东移，建设一新，成为全国政治的中心，就成了今天北京的基础。最难得的是明清两代易朝换代的时候都未经太大的破坏就又在旧基础上修建展拓。随着条件发展，到了今天，城中每段街、每一个区域都有着丰富的历史和劳动人民血汗的成绩。有纪念价值的文物实在是太多了。

北京城近千年来的四次改建

一个城是不断的随着政治经济的变动而发展着改变着的，北京当然也非例外。但是在过去一千年中间，北京曾经有过四次大规模的发展，不单是动了土木工程，并且是移动了地址的大修建。对这些变动有个简单认识，对于北京城的布局形势便更觉得亲切。

现在北京最早的基础是唐朝的幽州城，它的中心在现在广安门外迤南一带。本为范阳节度使的驻地，安禄山和史思明向唐代政权进攻曾由此发动，所以当时是军事上重要的边城。后来刘仁恭父子割据称帝，把城中的"子城"改建成宫城的规模，有了宫殿。九三七年，北方民族的辽势力渐大，五代的石晋割了燕云等十六州给辽，辽人并不曾改动唐的幽州城，只加以修整，将它升为"南京"。这时的北京开始成为边疆上一个相当区域的政治中心了。

到了更北方的民族金人的侵入时，先灭辽，又攻败北宋，将宋的势力压缩到江南地区，自己便承袭辽的"南京"，以它为首都。起初金也没有改建旧城，一一五一年才大规模的将辽城扩大，增建宫殿，意识地模仿北宋汴梁的形制，按图兴修。

他把宋东京汴梁（开封）的宫殿苑囿和真定（正定）的潭园木料拆卸北运，在此大大建设起来，称它做中都，这时的北京便成了半个中国的中心。

当然，许多辉煌的建筑仍然是中部的劳动人民和技术匠人，承继着北宋工艺的宝贵传统，又创造出来的。在金人进攻掳夺"中原"的时候，"匠户"也是他们掳劫的对象，所以汴梁的许多匠人曾被迫随着金军到了北京，为金的统治阶级服务。

金朝在北京曾不断的营建，规模宏大，最重要的还有当时的离宫，今天的中海北海。辽以后，金在旧城基础上扩充建设，便是北京第一次的大改建，但它的东面城墙还在现在的琉璃厂以西。

一二一五年元人破中都，中都的宫城同宋的东京一样遭到剧烈破坏，只有郊外的离宫大略完好。一二六〇年以后，元世祖忽必烈数次到金故中都，都没有进城而驻驿在离宫琼华岛上的宫殿里。这地方便成了今天北京的胚胎，因为到了一二六七年元代开始建城的时候，就以这离宫为核心建造了新首都。元大都的皇宫是围绕北海和中海而布置的，元代的北京城便围绕着这皇宫成一正方形。

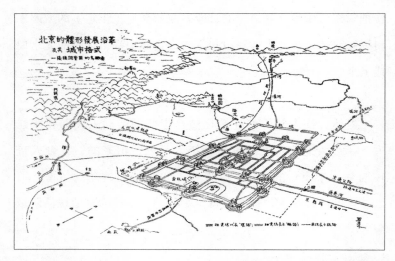

北京的体形发展沿革及其城市格式

　　这样，北京的位置由原来的地址向东北迁移了很多。这新城的西南角同旧城的东北角差不多接壤，这就是今天的宣武门迤西一带。虽然金城的北面在现在的宣武门内，当时元的新城最南一面却只到现在的东西长安街一线上，所以两城还隔着一个小距离。主要原因是当元建新城时，金的城墙还没有拆掉之故。

　　元代这次新建设是非同小可的，城的全部是一个完整的布局。在制度上有许多仍是承袭中都的传统，只是规模更大了。如宫门楼观，宫墙角楼，护城河，御路，石桥，千步廊的制度，不但保留中都所有，且超过汴梁的规模。还有故意恢复一些古制的，如"左祖右社"的格式，以配合"前朝后市"的形势。

这一次新址发展的主要存在基础不仅是有天然湖沼的离宫和它优良的水源，还有极好的粮运的水道。什刹海曾是航运的终点，成了重要的市中心。当时的城是近乎正方形的，北面在今日北城墙外约二公里，当时的鼓楼便位于全城的中心点上，在今什刹海北岸。因为船只可以在这一带停泊，钟鼓楼自然是那时热闹的商市中心。这虽是地理条件所形成，但一向许多人说到元代北京形制，总以这"前朝后市"为严格遵循古制的证据。

元时建的尚是土城，没有砖面，东，西，南，每面三门；惟有北面只有两门，街道引直，部署井然。当时分全市为五十坊，鼓励官吏人民从旧城迁来。这便是辽以后北京第二次的大改建。它的中心宫城基本上就是今天北京的故宫与北海中海。

一三六八年明太祖朱元璋灭了元朝，次年就"缩城北五里"，筑了今天所见的北面城墙。原因显然是本来人口就稀疏的北城地区，到了这时，因航运滞塞，不能到达什刹海，因而更萧条不堪，而商业则因金的旧城东壁原有的基础渐在元城的南面郊外繁荣起来。元的北城内地址自多旷废无用，所以索性缩短五里了。

明成祖朱棣迁都北京后，因衙署不足，又没有地址兴修，一四一九年便将南面城墙向南展拓，由长安街线上移到现在的位置。南北两墙改建的工程使整个北京城约略向南移动四分之一，这完全是经济和政治的直接影响。且为了元的故宫已故意被破坏过，重建时就又做了若干修改。最重要的是因不满城中南北中轴线为什刹海所切断，将宫城中线向东移了约一百五十公尺，正阳门、钟鼓楼也随着东移，以取得由正阳门到鼓楼钟楼中轴线的贯通，同时又以景山横亘在皇宫北面如一道屏风。这个变动使景山中峰上的亭子成了全城南北的中心，替代了元朝的鼓楼的地位。这五十年间陆续完成的三次大工程便是北京在辽以后的第三次改建。这时的北京城就是今天北京的内城了。

在明中叶以后，东北的军事威胁逐渐强大，所以要在城的四面再筑一圈外城。原拟在北面利用元旧城，所以就决定内外城的距离照着原来北面所缩的五里。这时正阳门外已非常繁荣，西边宣武门外是金中都东门内外的热闹区域，东边崇文门外这时受航运终点的影响，工商业也发展起来。所以工程由南面开始，先筑南城。开工之后，发现费用太大，尤其是城墙由明代起始改用砖，较过去土墙所费更大，所以就改变计划，仅筑南城一面了。

外城东西仅比内城宽出六七百米，便折而向北，止于内城西南东南两角上，即今西便门，东便门之处。这是在唐幽州基础上辽以后北京第四次的大改建。北京今天的凸字形状的城墙就这样在一五五三年完成的。假使这外城按原计划完成，则东面城墙将在二闸，西面差不多到了公主坟，现在的东岳庙，大钟寺，五塔寺，西郊公园，天宁寺，白云观便都要在外城之内了。

清朝承继了明朝的北京，虽然个别的建筑单位许多经过了重建，对整个布局体系则未改动，一直到了今天。民国以后，北京市内虽然有不少的局部改建，尤其是道路系统，为适合近代使用，有了很多变更，但对于北京的全部规模则尚保存原来秩序，没有大的损害。

由那四次的大改建，我们认识到一个事实，就是城墙的存在也并不能阻碍城区某部分一定的发展，也不能防止某部分的衰落。全城各部分是随着政治，军事，经济的需要而有所兴废。北京过去在体形的发展上，没有被它的城墙限制过它必要的展拓和所展拓的方向，就是一个明证。

北京的水源——全城的生命线

从元建大都以来，北京城就有了一个问题，不断的需要完满解决，到了今天同样问题也仍然存在。那就是北京城的水源问题。这问题的解决与否在有铁路和自来水以前的时代里更严重的影响着北京的经济和全市居民的健康。

在有铁路以前，北京与南方的粮运完全靠运河。由北京到通州之间的通惠河一段，顺着西高东低的地势，须靠由西北来的水源。这水源还须供给什刹海，三海和护城河，否则它们立即枯竭，反成孕育病疫的水洼。水源可以说是北京的生命线。

北京近郊的玉泉山的泉源虽然是"天下第一"，但水量到底有限；供给池沼和饮料虽足够，但供给航运则不足了。辽金时代航运水道曾利用高梁河水，元初则大规模的重新计划。起初曾经引永定河水东行，但因夏季山洪暴发，控制困难，不久即放弃。当时的河渠故道在现在西郊新区之北，至今仍可辨认。废弃这条水道之后的计划是另找泉源。于是便由昌平县神山泉引水南下，建造了一条石渠，将水引到瓮山泊（昆明湖）再由一道石渠东引入城，先到什刹海，再流到通惠河。这两条石渠在西北郊都有残迹，城中由什刹海到二闸的南北河道就是现在南北河沿和御河桥一带。

元时所引玉泉山的水是与由昌平南下经同昆明湖入城的水分流的。这条水名金水河，沿途严禁老百姓使用，专引入宫苑地沼，主要供皇室的饮水和栽花养鱼之用。金水河由宫中流到护城河，然后同昆明湖什刹海那一股水汇流入通惠河。元朝对水源计划之苦心，水道建设规模之大，后代都不能及。城内地下暗沟也是那时留下绝好的基础，经明增设，到现在还是最可贵的下水道系统。

明朝先都南京，昌平水渠破坏失修，竟然废掉不用。由昆明湖出来的水与由玉泉山出来的水也不两河分流，事实上水源完全靠玉泉山的水。因此水量顿减，航运当然不能入城。

到了清初建设时，曾作补救计划，将西山碧云寺、卧佛寺同香山的泉水都加入利用，引到昆明湖。这段水渠又破坏失修后，北京水量一直感到干涩不足。解放之前若干年中，三海和护城河淤塞情形是愈来愈严重，人民健康曾大受影响。龙须沟的情况就是典型的例子。

一九五〇年，北京市人民政府大力疏浚北京河道，包括三海和什刹海，同时疏通各种沟渠，并在西直门外增凿深井，增加水源。这样大大的改善了北京的环境卫生，是北京水源史中又一次新的纪录。现在我们还可以企待永定河上游水利工程，眼看着将来再努力沟通京津水道航运的事业。过去伟大的通惠运河仍可再用，是我们有利的发展基础。

北京的城市格式——中轴线的特征

如上文所曾讲到，北京城的凸字形平面是逐步发展而来。它在十六世纪中叶完成了现在的特殊形状。城内的全部布局则是由中国历代都市的传统制度，通过特殊的地理条件，和元明清三代政治经济实际情况而发展的具体形式。这个格式的形成，一方面是遵循或承袭过去的一般的制度，一方面又由于所尊崇的制度同自己的特殊条件相结合所产生出来的变化运用。

北京的体形大部分是由于实际用途而来，又曾经过艺术的处理而达到高度成功的。所以北京的总平面是经得起分析的。过去虽然曾很好的为封建时代服务，今天它仍然能很好的为新民主主义时代的生活服务，并还可以再作社会主义时代的都城，毫不阻碍一切有利的发展。它的累积的创造成绩是永远可以使我们骄傲的。

大略的说，凸字形的北京，北半是内城，南半是外城，故宫为内城核心，也是全城的布局重心。全城就是围绕这中心而部署的。但贯通这全部部署的是一根直线。一根长达八公里，全世界最长，也最伟大的南北中轴线穿过了全城。北京独有的壮美秩序就由这条中轴的建立而产生。前后起伏左右对称的体形或空间的分配都是以这条中轴为依据的。气魄之雄伟就在这个南北引伸，一贯到底的规模。

我们可以从外城最南的永定门说起，从这南端正门北行，在中轴线左右是天坛和先农坛两个约略对称的建筑群；经过长长一条市楼对列的大街，到达珠市口的十字街。之后，才面向着内城第一个重点——雄伟的正阳门楼。

在门前百余米的地方，拦路一座大牌楼，一座大石桥，为这第一个重点做了前卫。但这还只是一个序幕。过了此点，从正阳门楼到中华门，由中华门到天安门，一起一伏、一伏而又起，这中间千步廊（民国初年已拆除）御路的长度，和天安门面前的宽度，是最大胆的空间的处理，衬托着建筑重点的安排。这个当时曾经为封建帝王据为己有的禁地，今天是多么恰当的回到人民手里，成为人民自己的广场！

由天安门起，是一系列轻重不一的宫门和广庭，金色照耀的琉璃瓦顶，一层又一层的起伏峋峻，一直引导到太和殿顶，便到达中线前半的极点，然后向北，重点逐渐退削，以神武门为尾声。再往北，又"奇峰突起"的立着景山做了宫城背后的衬托。景山中峰上的亭子正在南北的中心点上。由此向北是一波又一波的远距离重点的呼应。

由地安门，到鼓楼、钟楼，高大的建筑物都继续在中轴线上。但到了钟楼，中轴线便有计划地，也恰到好处地结束了。中线不再向北到达墙根，而将重点平稳地分配给左右分立的两个北面城楼——安定门和德胜门。有这样气魄的建筑总布局，以这样规模来处理空间，世界上就没有第二个！

在中线的东西两侧为北京主要街道的骨干；东西单牌楼和东西四牌楼是四个热闹商市的中心。在城的四周，在宫城的四角上，在内外城的四角和各城门上，立着十几个环卫的突出点。这些城门上的门楼，箭楼及角楼又增强了全城三度空间的抑扬顿挫和起伏高下。因北海和中海，什刹海的湖沼岛屿所产生的不规则布局，和因琼华岛塔和妙应寺白塔所产生的突出点，以及许多坛庙园林的错落，也都增强了规则的布局和不规则的变化的对比。在有了飞机的时代，由空中俯瞰，或仅由各个城楼上或景山顶上遥望，都可以看到北京杰出成就的优异。这是一份伟大的遗产，它是我们人民最宝贵的财产，还有人不感到吗？

北京的交通系统及街道系统

北京是华北平原到蒙古高原、热河山地和东北的几条大路的分岔点，所以在历史上它一向是一个政治、军事重镇。北京在元朝成为大都以后，因为运河的开凿，以取得东南的粮食，才增加了另一条东面的南北交通线。一直到今天，北京与南方联系的两条主要铁路干线都沿着这两条历史的旧路修筑；而京包、京热两线也正筑在我们祖先的足迹上。这是地理条件所决定的。因此，北京便很自然的成了华北北部最重要的铁路衔接站。

自从汽车运输发达以来，北京也成了一个公路网的中心。西苑南苑两个飞机场已使北京对外的空运有了站驿。这许多市外的交通网同市区的街道是息息相关互相衔接的，所以北京城是会每日增加它的现代效果和价值的。今天所存在的城内的街道系统，用现代都市计划的原则来分析，是一个极其合理，完全适合现代化使用的系统。这是一个令人惊讶的事实，是任何一个中世纪城市所没有的。我们不得不又一次敬佩我们祖先伟大的智慧。

这个系统的主要特征在大街与小巷，无论在位置上或大小上，都有明确的分别；大街大致分布成几层合乎现代所采用的"环道"；由"环道"明确的有四向伸出的"辐道"。结果主要的车辆自然会汇集在大街上流通，不致无故地去窜小胡同，胡同里的住宅得到了宁静，就是为此。

所谓几层的环道，最内环是紧绕宫城的东西长安街、南北池子、南北长街、景山前大街。第二环是王府井、府右街，南北两面仍是长安街和景山前大街。第三环以东西交民巷，东单东四，经过铁狮子胡同、后门、北海后门、太平仓、西四、西单而完成。这样还可更向南延长，经宣武门、菜市口、珠市口、磁器口而入崇文门。

近年来又逐步地开辟一个第四环，就是东城的南北小街、西城的南北沟沿、北面的北新桥大街，鼓楼东大街，以达新街口。但鼓楼与新街口之间固有什刹海的梗阻，要多少费点事。

南面则尚未成环（也许可与交民巷衔接）。

这几环中，虽然有多少尚待展宽或未完全打通的段落，但极易完成。这是现代都市计划学家近年来才发现的新原则。

欧美许多城市都在它们的弯曲杂乱或呆板单调的街道中努力计划开辟成环道，以适应控制大量汽车流通的迫切需要。我们的北京却可应用六百年前建立的规模，只须稍加展宽整理，便可成为最理想的街道系统。这的确是伟大的祖先留给我们的"余荫"。

有许多人不满北京的胡同，其实胡同的缺点不在其小，而在其泥泞和缺乏小型空场与树木。但它们都是安静的住宅区，有它的一定优良作用。在道路系统的分配上也是一种很优良的秩序。这些便是以后我们发展的良好基础，可以予以改进和提高的。

北京城的土地使用——分区

我们不敢说我们的祖先计划北京城的时候，曾经计划到它的土地使用或分区。但我们若加以分析，就可看出它大体上是分了区的，而且在位置上大致都适应当时生活的要求和社会条件。

内城除紫禁城为皇宫外，皇城之内的地区是内府官员的住宅区。皇城以外，东西交民巷一带是各衙署所在的行政区（其中东交民巷在辛丑条约之后被划为"使馆区"）。而这些住宅的住户，有很多就是各衙署的官员。北城是贵族区，和供应他们的商店区，这区内王府特别多。东西四牌楼是东西城的两个主要市场；由它们附近街巷名称，就可看出。如东四牌楼附近是猪市大街、小羊市、驴市（今改"礼士"）胡同等；西四牌楼则有马市大街、羊市大街、羊肉胡同、缸瓦市等。

至于外城，大体的说，正阳门大街以东是工业区和比较简陋的商业区，以西是最繁华的商业区。前门以东以商业命名的街道有鲜鱼口、瓜子店、果子市等；工业的则有打磨厂、梯子胡同等等。以西主要的是珠宝市、钱市胡同、大栅栏等，是主要商店所聚集；但也有粮食店、煤市街。崇文门外则有巾帽胡同、木厂胡同、花市、草市、磁器口等等，都表示着这一带的土地使用性质。

宣武门外是京官住宅和各省府州县会馆区，会馆是各省入京应试的举人们的招待所，因此知识分子大量集中在这一带。应景而生的是他们的"文化街"，即供应读书人的琉璃厂的书铺集团，形成了一个"公共图书馆"；其中掺杂着许多古玩铺，又正是供给知识分子观摩的"公共文物馆"。其次要提到的就是文娱区；大多数的戏院都散布在前门外东西两侧的商业区中间。大众化的杂耍场集中在天桥。至于骚人雅士们则常到先农坛迤西洼地中的陶然亭吟风咏月，饮酒赋诗。

由上面的分析，我们可以看出，以往北京的土地使用，的确有分区的现象。但是除皇城及它迤南的行政区是多少有计划的之外，其他各区都是在发展中自然集中而划分的。这种分区情形，到民国初年还存在。

到现在，除去北城的贵族已不贵了，东交民巷又由"使馆区"收复为行政区而仍然兼是一个有许多已建立邦交的使馆或尚未建立邦交的使馆所在区，和西交民巷成了银行集中的商务区之外，大致没有大改变。近二三十年来的改变，则在外城建立了几处工厂。

王府井大街因为东安市场之开辟，再加上供应东交民巷帝国主义外交官僚的消费，变成了繁盛的零售商店街，部分夺取了民国初年军阀时代前门外的繁荣。东西单牌楼之间则因长安街三座门之打通而繁荣起来，产生了沿街"洋式"店楼型制。全城的土地使用，比清末民初时期显然增加了杂乱错综的现象。幸而因为北京以往并不是一个工商业中心，体形环境方面尚未受到不可挽回的损害。

北京城是一个具有计划性的整体

北京是中国（可能是全世界）文物建筑最多的城。元、明、清历代的宫苑，坛庙，塔寺分布在全城，各有它的历史艺术意义，是不用说的。

要再指出的是：因为北京是一个先有计划然后建造的城（当然计划所实现的都曾经因各时代的需要屡次修正，而不断地发展的）。它所特具的优点主要就在它那具有计划性的城市的整体。那宏伟而庄严的布局，在处理空间和分配重点上创造出卓越的风格，同时也安排了合理而有秩序的街道系统，而不仅在它内部许多个别建筑物的丰富的历史意义与艺术的表现。所以我们首先必须认识到北京城部署骨干的卓越，北京建筑的整个体系是全世界保存得最完好，而且继续有传统的活力的、最特殊、最珍贵的艺术杰作。这是我们对北京城不可忽略的起码认识。

就大多数的文物建筑而论，也都不仅是单座的建筑物，而往往是若干座合组而成的整体，为极可宝贵的艺术创造，故宫就是最显著的一个例子。其他如坛庙、园苑、府第，无一不是整组的文物建筑，有它全体上的价值。

我们爱护文物建筑，不仅应该爱护个别的一殿，一堂，一楼，一塔，而且必须爱护它的周围整体和邻近的环境。我们不能坐视，也不能忍受一座或一组壮丽的建筑物遭受到各种各式直接或间接的破坏，使它们委曲在不调和的周围里，受到不应有的宰割。

过去因为帝国主义的侵略，和我们不同体系，不同格调的各型各式的所谓洋式楼房，所谓摩天高楼，摹仿到家或不到家的欧美系统的建筑物，庞杂凌乱的大量渗到我们的许多城市中来，长久地劈头拦腰破坏了我们的建筑情调，渐渐地麻痹了我们对于环境的敏感，使我们习惯于不调和的体形或习惯于看着自己优美的建筑物被摒斥到委曲求全的夹缝中，而感到无可奈何。

我们今后在建设中，这种错误是应该予以纠正了。代替这种蔓延野生的恶劣建筑，必须是有计划有重点的发展，比如明年，在天安门的前面，广场的中央，将要出现一座庄严伟大的人民英雄纪念碑。几年以后，广场的外围将要建起整齐壮丽的建筑，将广场衬托起来。长安门（三座门）外将是绿荫平阔的林荫大道，一直通出城墙，使北京向东西城郊发展。那时的天安门广场将要更显得雄伟美丽了。

总之，今后我们的建设，必须强调同环境配合，发展新的来保护旧的，这样才能保存优良伟大的基础，使北京城永远保持着美丽、健康和年轻。

北京城内城外无数的文物建筑，尤其是故宫、太庙（现在的劳动人民文化宫）、社稷坛（中山公园）、天坛、先农坛、孔庙、国子监、颐和园等等，都普遍地受到人们的赞美。但是一件极重要而珍贵的文物，竟然没有得到应有的注意，乃至被人忽视，那就是伟大的北京城墙。它的产生，它的变动，它的平面形成凸字形的沿革，充满了历史意义，是一个历史现象辩证的发展的卓越标本，已经在上文叙述过了。至于它的朴实雄厚的壁垒，宏丽嶙峋的城门楼、箭楼、角楼，也正是北京体形环境中不可分离的艺术构成部分，我们还需要首先特别提到。苏联人民称斯摩林斯克的城墙为苏联的颈链，我们北京的城墙，加上那些美丽的城楼，更应称为一串光彩耀目的中华人民的璎珞了。

古史上有许多著名的台——古代封建主的某些殿宇是筑在高台上的，台和城墙有时不分——后来发展成为唐宋的阁与楼时，则是在城墙上含有纪念性的建筑物，大半可供人民登临。前者如春秋战国燕和赵的丛台，西汉的未央宫，汉末曹操和东晋石赵在邺城的先后两个铜雀台，后者如唐末以来由文字流传后世的滕王阁、黄鹤楼、岳阳楼等。宋代的宫前门楼宣德楼的作用也还略像一个特殊的前殿，不只是一个仅具形式的城楼。

北京峋峙着许多壮观的城楼角楼，站在上面俯瞰城郊，远览风景，可以使人娱心悦目，舒畅胸襟。但在过去封建时代里，因人民不得登临，事实上是等于放弃了它的一个可贵的作用。今后我们必须好好利用它为广大人民服务。现在前门箭楼早已恰当地作为文娱之用。

在北京市各界人民代表会议中，又有人建议用崇文门、宣武门两个城楼做陈列馆，以后不但各城楼部可以同样的利用，并且我们应该把城墙上面的全部面积整理出来，尽量使它发挥它所具有的特长。城墙上面面积宽敞，可以布置花池，栽种花草，安设公园椅，每隔若干距离的敌台上可建凉亭，供人游息。由城墙或城楼上俯视护城河，与郊外平原，远望西山远景或禁城宫殿，它将是世界上最特殊公园之一——一个全长达三九.七五公里的立体环城公园！

我们应该怎样保护这庞大的伟大的杰作？

人民中国的首都正在面临着经济建设，文化建设——市政建设高潮的前夕。解放两年以来，北京已在以递加的速率改变，以适合不断发展的需要。今后一二十年之内，无数的新建筑将要接踵的兴建起来，街道系统将加以改善，千百条的大街小巷将要改观，各种不同性质的区域将要划分出来。

北京城是必须现代化的；同时北京城原有的整体文物性特征和多数个别的文物建筑又是必须保存的。我们必须"古今兼顾，新旧两利"。我们对这许多错综复杂问题应如何处理是每一个热爱中国人民首都的人所关切的问题。

如同在许多其他的建设工作中一样，先进的苏联已为我们解答了这问题，立下了良好的榜样。在《苏联沦陷区解放后之重建》一书中，苏联的建筑史家N.窝罗宁教授说："计划一个城市的建筑师必须顾到他所计划的地区生活的历史传统和建筑的传统。在他的设计中，必须保留合理的、有历史价值的一切和在房屋类型和都市计划中，过去的经验所形成的特征的一切；同时这城市或村庄必须成为自然环境中的一部分。……新计划的城市的建筑样式必须避免呆板硬性的规格化，因为它将掠夺了城市的个性；他必须采用当地居民所珍贵的一切。

"人民在便利、经济和美感方面的需要，他们在习俗与文化方面的需要，是重建计划中所必须遵守的第一条规则。"

窝罗宁教授在他的书中列举了许多实例。其中一个被称为"俄罗斯的博物院"的诺夫哥罗德城，这个城的"历史性文物建筑比任何一个城都多"。"它的重建是建筑院院士舒舍夫负责的。他的计划作了依照古代都市计划制度重建的准备——当然加上现代化的改善。……在最卓越的历史文物建筑周围的空地将布置成为花园，以便取得文物建筑的观景。若干组的文物

建筑群将被保留为国宝;

"……关于这城……的新建筑样式,建筑师们很正确地拒绝了庸俗的'市侩式'建筑,而采取了被称为'地方性的拿破仑时代式'建筑,因为它是该城原有建筑中最典型的样式。

"……建筑学者们指出:在计划重建新的诺夫哥罗德的设计中,要给予历史性文物建筑以有利的位置,使得在远处近处都可以看见它们的原则的正确性。

"对于许多类似诺夫哥罗德的古俄罗斯城市之重建的这种研讨将要引导使问题得到最合理的解决,因为每一个意见都是对于以往的俄罗斯文物的热爱的表现。"

怎样建设"中国的博物院"的北京城,上面引录的原则是正确的。让我们向诺夫哥罗德看齐,向舒舍夫学习。

对王其明、茹竟华毕业论文所作的评语

　　脚踏实地的调查工作；研究了满清旗营的配给住宅，与古代里坊及现代所提倡的住宅区标准，作了比较，是研究中国建筑传统极好的报告，亦为中国建筑史提供了贵重的资料。

注：写于1951年上半年，王其明、茹竟华是清华大学建筑系学生，由林徽因指导撰写毕业论文《圆明园附近清代营房的调查分析》。

对戴念慈《历史遗产》等的批注

　　如果我们没有看见这次中南海宿舍楼的设计（只看文字），一定会认为作者对中国民族形式是有把握了，但是，事实证明作者所拟的草图是建筑在西洋民族建筑系统上的特殊形式，太悲惨了的一个形象，无法令人接受是中国的民族形式。

　　所以文章仍是文章，建筑仍是造形的艺术，应该多多设计表示具体（民族形式）的形象来。

　　假使许多中国建筑师都只是从西洋建筑系统的教育里培养出来的，而且在鄙视中国文化的时代中成长，他一定反映西洋建筑的性格基础而缺乏中国文化的培养，他的创造很可能是半殖

注：写于1951年，原载《建筑师》杂志（1991年），并缀上《补白》。

民地式的第二代，西洋杂志里现代建筑外表的模仿者而不自觉。

但必定是不脱离中国基础的新创造，而不是建立在西洋建筑传统上的新创造。

不是凡是中国建筑师个人创造的新体形虽不包含过去中国建筑的任何特征，就都是"中国的民族形式"，如果一个中国孩子从小只学英文虽也懂几句中国话，他大起来只用英文写文章，他的文章也许有现代的内容却不是中国民族形式的，反之，一个孩子从小只学中文却生在现时代里，他的文章可能全是现代的精神而又是中国民族的形式的表现。

中国建筑师多半是前者而现时必需赶紧读中文。

关于《大公报》"小公园"副刊报头图案的说明

现在图案是画好了，十之七八是思成的手笔，在选材及布局上，我们轮流草稿讨论。说来惭愧，小小一张东西我们竟然做了三天才算成功。好在趣味还好，并且是汉刻，纯粹中国创造艺术的最高造诣，用来对于创作前途有点吉利。

注：原载《大公报》"小公园"第一七五一号《关于图案》（1935 年 7 月 31 日）中，林徽因致《大公报》"小公园"副刊编辑书信的节选。

《大公报》"小公园"副刊（一九三五年七月，
林徽因、梁思成为其设计报头图案）

晋汾古建筑预查纪略

去夏乘暑假之便，作晋汾之游。汾阳城外峪道河，为山右绝好消夏的去处；地据白彪山麓，因神头有"马跑神泉"，自从宋太宗的骏骑蹄下踢出甘泉，救了干渴的三军，这泉水便没有停流过，千年来为沿溪数十家磨坊供给原动力，直至电气磨机在平遥创立了山西面粉业的中心，这源源清流始闲散的单剩曲折的画意，辘辘轮声既然消寂下来，而空静的磨坊，便也成了许多洋人避暑的别墅。

说起来中国人避暑的地方，哪一处不是洋人开的天地，北戴河，牯岭，莫干山……所以峪道河也不是例外。其实去年在

注：原载《中国营造学社汇刊》第 5 卷 3 期，署名：林徽因　梁思成。

峪道河避暑的，除去一位娶英籍太太的教授和我们外，全体都是山西内地传教的洋人，还不能说是中国人避暑的地方呢。在那短短的十几天，令人大有"人何寥落"之感。

以汾阳峪道河为根据，我们曾向邻近诸县作了多次的旅行，计停留过八县地方，为太原，文水，汾阳，孝义，介休，零石，霍县，赵城，其中介休至赵城间三百余里，因同蒲铁路正在炸山兴筑，公路多段被毁，故大半竟至徒步，滋味尤为浓厚。餐风宿雨，两周艰苦简陋的生活，与寻常都市相较，至少有两世纪的分别。我们所参考的古构，不下三四十处，元明遗物，随地遇见，现在仅择要纪述。

汾阳县　峪道河　龙天庙

在我们住处，峪道河的两壁山崖上，有几处小小庙宇。东崖上的实际寺，以风景幽胜著名。神头的龙王庙，因马跑泉享受了千年的烟火，正殿前有拓黑了的宋碑，为这年代的保证，这碑也就是庙里唯一的"古物"。西岩上南头有一座关帝庙，几经修建，式样混杂，别有趣味。北头一座龙天庙，虽然在年代或结构上并无可以惊人之处，但秀整不俗，我们却可以当它作山西南部小庙宇的代表作品。

龙天庙在西岩上，庙南向，其东边立面，厢庑后背，钟楼及围墙，成一长线剪影，隔溪居高临下，隐约白杨间。在斜阳掩映之中，最能引起沿溪行人的兴趣。山西庙宇的远景，无论大小都有两个特征：一是立体的组织，权衡俊美，各部参差高下，大小相依附，从任何视点望去均恰到好处；一是在山西，砖筑或石砌物，斑彩淳和，多带红黄色，在日光里与山冈原野同醉，浓艳夺人，尤其是在夕阳西下时，砖石如染，远近殷红映照，绮丽特甚。在这两点上，龙天庙亦非例外。谷中外人三十年来不识其名，但据这种印象，称这庙做"落日庙"并非无因的。

庙周围土坡上下有盘旋小路，坡孤立如岛，远距村落人家。庙前本有一片松柏，现时只剩一老松，孤傲耸立，缄默如同守卫将士。庙门整日闭锁，少有开时，苟遇一老人耕作门外，则可暂借锁钥，随意出入；本来这一带地方多是道不拾遗，夜不闭户的，所谓锁钥亦只余一条铁钉及一种形式上的保管手续而已。这现象竟亦可代表山西内地其他许多大小庙宇的保管情形。

庙中空无一人，蔓草晚照，伴着殿庑石级，静穆神秘，如在画中。两厢为"窑"，上平顶，有砖级可登，天晴日美时，周围风景全可入览。此带山势和缓，平趋连接汾河东西区域；远望绵山峰峦，竟似天外烟霞，但傍晚时，默立高处，实不竟古原夕阳之感。近山各处全是赤土山级，层层平削，像是出自人工；农民多辟洞"穴居"，耕种其上。麦黍赤土，红绿相间成横层，每级土崖上所辟各穴，远望似平列桥洞，景物自成一种特殊风趣。沿溪白杨丛中，点缀土筑平屋小院及磨坊，更显错落可爱。

龙天庙的平面布置南北中线甚长，南面围墙上辟山门。门内无照壁，却为戏楼背面。山西中部南部我们所见的庙宇多附属戏楼，在平面布置上没有向外伸出的舞台。楼下部实心基坛，上部三面墙壁，一面开敞，向着正殿，即为戏台。台正中有山柱一列，预备挂上帷幕可分成前后台。楼左阙门，有石级十余可上下。在龙天庙里，这座戏楼正堵截山门入口处成一大照壁。

转过戏楼，院落甚深，楼之北，左右为钟鼓楼，中间有小小牌楼，庭院在此也高起两三级划入正院。院北为正殿，左右厢房为砖砌窑屋各三间，前有廊檐，旁有砖级，可登屋顶。山西乡间穴居仍盛行，民居喜砌砖为窑（即券洞），庙宇两厢亦多砌窑以供僧侣居住。窑顶平台均可从窑外梯级上下。此点酷似墨西哥红印人之叠层土屋，有立体堆垒组织之美。钟鼓楼也以发券的窑为下层台基，上立木造方亭，台基外亦设砖级，依附基墙，可登方亭。全建筑物以砖造部分为主，与他省木架钟鼓楼异其风趣。

正殿前廊外尚有一座开敞的过厅，紧接廊前，称"献食棚"。这个结构实是一座卷棚式过廊，两山有墙而前后檐柱间开敞，没有装修及墙壁。它的功用则在名义上已很明了，不用赘释了。在别省称祭堂或前殿的，与正殿都有相当的距离，而且不是开敞的，这献食棚实是祭堂的另一种有趣的做法。

龙天庙里的主要建筑物为正殿。殿三间，前出廊，内供龙天及夫人像。按廊下清乾隆十二年碑说：龙天者，介休令贾侯也。公（讳）浑，晋惠帝永兴元年，刘元海……攻陷介休，公……死而守节，不愧青天。后人……故建庙崇祀……像神立祠，盖自此始矣。……

这座小小正殿，"前廊后无廊"，本为山西常见的做法，前廊檐下用硕大的斗栱，后檐却用极小，乃至不用斗栱，将前后不均齐的配置完全表现在外面，是河北省所不经常见的，尤其是在旁面看其所呈现象，颇为奇特。至于这殿，按乾隆十二年《重增修龙天庙碑记》说：按正殿上梁所志系元季丁亥（元顺帝至正七年，一三四七年）重建。正殿三小间，献食棚一间，东西厦窑二眼，殿旁两小房二间，乐楼三间。……鸠工改修，计正殿三大间，献食棚三间，东西窑六眼，殿旁东西房六间，大门洞一座……零余银备异日牌楼钟鼓楼之费。……所以我们知道龙天庙的建筑，虽然曾经重建于元季，但是现在所见，竟全是乾嘉增修的新构。

殿的构架，由大木上说，是悬山造，因为各檩头皆伸出到柱中线以外甚远；但是由外表上看，却似硬山造，因为山墙不在山柱中线上，而向外移出，以封护檩头。这种做法亦为清代官式建筑所无。这殿前檐的斗栱，权衡甚大，斗栱之高，约及柱高之四分之一；斗栱之布置，亦极疏朗，当心间用补间铺作一朵，次间不用。当心间左右两柱头并补间铺作均用四十五度斜栱。柱身微有卷杀；阑额为月梁式；普拍枋宽过阑额。

这许多特征，在河北省内惟在宋元以前建筑乃得见；但在山西，明末清初比比皆是，但细查各栱头的雕饰，则光怪陆离，绝无古代沉静的气味；两平柱上的丁头栱（清称雀替），且刻成龙头象头等形状。殿内梁架所用梁的断面，亦较小于清代官式的规定，且所用驼峰，替木，叉手等等结构部分，都保留下古代的做法，而在清式中所不见的。全殿最古的部分是正殿匾牌。这牌的牌首，牌带，牌舌，皆极奇特，与古今定制都不同，不知是否原物，虽然牌面的年代是确无可疑的。

汾阳县　大相村　崇胜寺

由太原至汾阳公路上，将到汾阳时，便可望见路东南百余米处，耸起一座庞大的殿宇，出檐深远，四角用砖筑立柱支着，引人注意。

　　由大殿之东，进村之北门，沿寺东墙外南行颇远，始到寺门。寺规模宏敞，连山门一共六进。山门之内为天王门，天王门内左右为钟鼓楼，后为天王殿，天王殿之后为前殿，正殿（毗庐殿）及后殿（七佛殿）。

　　除去第一进院之外，每院都有左右厢，在平面布置上，完全是明清以后的式样，而在构架上，则差不多各进都有不同的特征，明初至清末各种的式样都有代表"列席"。在建筑本身以外，正殿廊前放着一造像碑，为北齐天保三年物。

　　天王殿正中弘治元年（一四八八年）碑说："大相里横枕卜山之下……古来舍刹稽自大齐天保三年（五五二年），大元延祐四年（一三一七年）……奉敕建立后殿，增饰慈尊，额题崇胜禅寺，于是而渐成规模，……大明宣德庚戌五年（一四三〇年），功竖中殿，廊庑翼如；周植树千本。……大明成化乙未十一年（一四七五年），……构造天王殿，伽蓝宇祠，堂室俱备……"

　　按现在情形看，天王殿与中殿之间，尚有前殿，天王殿前尚有钟楼鼓楼，为碑文中所未及。而所"植树千本"，则一根也不存在了。

　　山门三间，最平淡无奇；檐下用一斗三升斗栱，权衡甚小，但布置尚疏朗。

天王门三间，左右挟以斜照壁及掖门。斗栱权衡颇大，布置亦疏朗。每间用补间铺作二朵，角柱微生起，乍看确有古风。但是各栱昂头上过甚的雕饰，立刻表示其较晚的年代。天王门内部梁架都用月梁。但因前后廊子均异常的浅隘，故前后檐部斗栱的布置都有特别的结构，成为一个有趣的断面；前面用两列斗栱，高下不同，上下亦不相列，后檐却用垂莲柱，使檐部伸出墙外。

钟鼓楼天王门之后，左右为钟鼓楼，其中钟楼结构精巧，前有抱厦，顶用十字脊，山花向前，甚为奇特。

天王殿五间，即成化十一年所建，弘治元年碑，就立在殿之正中；天王像四尊，坐在东西梢间内。斗栱颇大，当心间用补间铺作两朵，次梢间用一朵，雄壮有古风。

前殿五间，大概是崇胜寺最新的建筑物，斗栱用品字式，上交托角替，垫栱板前罗列着全副博古，雕工精细异常，不惟是太琐碎了，而且是违反一切好建筑上结构及雕饰两方面的常规的。

前殿的东西配殿各三间，亦有几处值得注意之点。在横断面上，前后是不均齐的；如峪道河龙天庙正殿一样，"前廊后无廊"，而前廊用极大的斗栱，后廊用小斗栱，使侧面呈不均齐象。斗栱布置亦疏朗，每间用补间铺作一朵。出跳虽只一跳，在昂下及泥道栱下，却用替木式的短栱实拍承托，如大同华严寺海会殿及应县木塔顶层所见；但在此短栱栱头，又以极薄小之翼形栱相交，都是他处所未见。最奇特的乃在阑额与柱头的联接法，将阑额两端斫去一部，使额之上部托在柱头之上，下部与柱相交，是以一构材而兼阑额及普拍枋两者的功用的。阑额之下，托以较小的枋，长尽梢间，而在当心间插出柱头作角替，也许是《营造法式》卷五所谓"绰幕方"一类的东西。

正殿（毗庐殿）大概是崇胜寺内最古的结构，明弘治元年碑所载建于宣德庚戌五年（一四三〇年）的中殿即指此。殿是硬山造，"前廊后无廊"，前檐用硕大的斗栱，前后亦不均齐。斗栱布置，每间只用补间铺作一朵。前后各出两跳，单抄单下昂，重栱造，昂尾斜上，以承上一缝榑。当心间补间铺作用四十五度斜栱。阑额甚小，上有很宽的普拍枋，一切尚如古制。当心间两柱，八角形，这种柱常见于六朝隋唐的砖塔及石刻，但用木的，这是我们所得见惟一的例。檐出颇远，但只用椽而无飞椽，在这种大的建筑物上还是初见。

前廊西端立北齐天保三年任敬志等造像碑，碑阳造像两层，各刻一佛二菩萨，额亦刻佛一尊。上层龛左右刻天王，略像龙门两大天王。座下刻狮子二；碑头刻蟠龙，都是极品，底下刻字则更劲古可爱。可惜佛面已毁，碑阴字迹亦见剥落了。清初顾亭林到汾访此碑，见先生《金石文字记》。

最后为七佛殿七间，是寺内最大的建筑物，在公路上可以望见。按明万历二十年《增修崇胜寺记》碑，乃"以万历十二年动工，至二十年落成"。无疑的这座晚明结构已替换了"大元元祐四年"的原建，在全部权衡上，这座明建尚保存着许多古代的美德；例如斗栱疏朗，出檐深远，尚表现一些雄壮气概。但各部本身，则尽雕饰之能事。外檐斗栱，上昂嘴特多，弯曲已甚；要头上雕饰细巧；替木两端的花纹盘缠；阑额下更有龙形的角替；且金柱内额上斗栱坐斗之剔空花，竟将荷载之集中点（主要的建筑部分），作成脆弱的纤巧的花样；匠人弄巧，害及好建筑，以至如此，实令人怅然。虽然在雕工上看来，这些都是精妙绝伦的技艺，可惜太不得其道，以建筑物作卖技之场，结果因小失大，这巍峨大殿，在美术上竟要永远蒙耻低头。

七佛殿格扇上花心，精巧异常，为一种菱花与球纹混合的花样，在装饰图案上，实是登峰造极的，殿顶的脊饰，是山西所常见的普通做法。

汾阳县　杏花村　国宁寺

杏花村是做汾酒的古村，离汾阳甚近。国宁寺大殿由公路上可以望见。殿重檐，上檐檐椽毁损一部分，露出橑檐枋及阑额，远望似唐代刻画中所见双层额枋的建筑，故引起我们绝大的兴趣及希望，及到近前才知道是一片极大的寺址中仅剩的、一座极不规矩的正殿；前檐倾圮，檐檩暴落，竟给人以奢侈的误会。廊下乾隆二十八年碑说："敕赐于唐贞观，重建于宋，历修于明代。"现存建筑大约是明时重建的。

在山西明代建筑甚多，形形色色，式样各异，斗栱布置或仍古制，或变换纤巧，陆离光怪，几不若以建筑规制论之。大殿的平面布置几成方形，重檐金柱的分间，与外檐柱及内柱不相排列。而在结构方面，此殿做法很奇特，内部梁架，两山将采步金梁经过复杂勾结的斗栱，放在顺梁上，而采步金上，又承托两山顺扒梁（或大昂尾）法式新异，未见于他处。至于下檐前面的斗栱，不安在柱头上，致使柱上空虚，做法错谬，大大违反结构原则，在老建筑上是甚少有的。

文水县　开栅镇　圣母庙

开栅镇并不在公路上，由大路东转沿着山势，微微向下曲折，因为有溪流，有大树，庙宇村巷全都隐藏，不易即见。

庙门规模甚大，丹青剥落。院内古树合抱，浓荫四布，气味严肃之极。建筑物除北首正殿，南首乐楼，巍峨对峙外，尚有东西两堂，皆南向与正殿并列，雅有古风；廊庑，碑碣，钟楼，偏院，给人以浪漫印象较他庙为深，尤其是因正殿屋顶歇山向前，玲珑古制，如展看画里楼阁。屋顶歇山，山面向前，是宋代极普通的式制，在日本至今还用得很普遍，然而在中国，由明以后，除去城角楼外，这种做法已不多见。正定隆兴寺摩尼殿，是这种做法的，且由其他结构部分看去，我们知道它是宋初物。据我们所见过其他建筑歇山向前的，共有元代庙宇两处，均在正定。此外即在文水开栅镇圣母庙正殿又得见之。

殿平面作凸字形，后部为正方形殿三间，屋顶悬山造，前有抱厦，进深与后部同，面阔则较之稍狭，屋顶歇山造，山面向前。

后部斗栱，单昂出一跳，抱厦则重昂出两跳，布置极疏朗，补间仅一朵。昂并没有挑起的后尾，但斗栱在结构上还是有绝对的机能。要头之上，撑头木伸出，刻略如麻叶云头，这可说是后来清式挑尖梁头之开始。前面歇山部分的构架，抟枋全承在斗栱之上，结构精密，堪称上品。正定阳和楼前关帝庙的构架和斗栱，与此多有相同的特征。但此处内部木料非常粗糙，呈简陋印象。

抱厦正面骤见虽似三间，但实只一间，有角柱而无平柱，而代之以槏柱（或称抱框），额枋是长同通面阔的。额枋的用法正面与侧面略异，亦是应注意之点，侧面额枋之上用普拍枋，而正面则不用；正面额枋之高度，与侧面额枋及普拍枋之总高度相同，这也是少见的做法。

至于这殿的年代，在正面梢间壁上有元至元二十年（一二八三年）嵌石，刻文说："夫庙者元近西溪，未知何代，……后于此方要修其庙，……梁书万岁大汉之时，天会十年季春之月……今者石匠张莹，嗟岁月之弥深，睹栋梁之抽换，……恐后无闻，发愿刻碑。……"刻石如是。由形制上看来，殿宇必建于明以前，且因与正定关帝庙相同之点甚多，当可断定其为元代物。

圣母庙在平面布置上有一特殊值得注意之点。在正殿之东西，各有殿三间，南向，与正殿并列，尚存魏晋六朝东西堂之制。关于此点，刘敦桢先生在本刊五卷二期已申论得很清楚，不必在此赘述了。

文水县　文庙

文水县，县城周整，文庙建筑亦宏大出人意外。院正中泮池，两边廊庑，碑石栏杆，围衬大成门及后殿，壮丽较之都邑文庙有过无不及；但建筑本身分析起来，颇多弱点，仅为山西中部清以后虚有其表的代表作之一种。庙里最古的碑记，有宋元符三年的县学进士碑，元明历代重修碑也不少。就形制看来，现在殿宇大概都是清以后所重建。

正殿，开间狭而柱高，外观似欠舒适。柱头上用阑额和由额，二者之间用由额垫板，间以"荷叶墩"，阑额之上又用肥厚的普拍枋，这四层构材，本来阑额为主，其他为辅，但此处则全一样大小，使宾主不分，极不合结构原则。斗栱不甚大，每间只用补间铺作一朵。坐斗下面，托以"皿板"，刻作古玩座形，当亦是当地匠人，纤细弄巧做法之一种表现。斗栱外出两跳华栱，无昂，但后尾却有挑杆，大概是由耍头及撑头木引上。两山柱头铺作承托顺扒梁外端，内端坦然放在大梁上却倒率直。

戟门三间，大略与大成殿同时。斗栱前出两跳，单抄单下昂，正心用重栱，第一跳单栱上施替木承罗汉枋，第二跳不用栱，跳头直接承托替木以承挑檐枋及檐桁，也是少见的做法。转角铺作不用由昂，也不用角神或宝瓶，只用多跳的实拍栱（或靴契），层层伸出，以承角梁，这做法不止新颖，且较其他常见的尚为合理。

137

汾阳县　小相村　灵岩寺

小相村与大相村一样在汾阳文水之间的公路旁，但大相村在路东，而小相村却在路西，且离汾阳亦较远。灵岩寺在山坡上，远在村后，一塔秀挺，楼阁巍然，殿瓦琉璃，辉映闪烁夕阳中，望去易知为明清物，但景物婉丽可人，不容过路人弃置不睬。

离开公路，沿土路行四五里可达村前门楼。楼跨土城上，底下圆券洞门，一如其他山西所见村落。村内一路贯全村前后，雨后泥泞崎岖，难同入蜀，愈行愈疲，愈觉灵岩寺之远，始悟汾阳一带，平原楼阁远望转近，不易用印象来计算距离的。及到寺前，残破中虽仅存在山门券洞，但寺址之大，一望而知。

进门只见瓦砾土丘，满目荒凉，中间天王殿遗址，隆起如冢，气象堂皇。道中所见砖塔及重楼，尚落后甚远，更进又一土丘，当为原来前殿——中间露天趺坐两铁佛，中挟一无像大莲座；斜阳一瞥，奇趣动人，行人倦旅，至此几顿生妙悟，进入新境。再后当为正殿址，背景里楼塔愈迫近，更有铁佛三尊，趺坐慈静如前，东首一尊且低头前伛，现悯恻垂注之情。此时远山晚晴，天空如宇，两址反不殿而殿，严肃丽都，不借梁栋丹青，朝拜者亦更沉默虔敬，不由自主了。

铁像有明正德年号，铸工极精，前殿正中一尊已倾欹坐地下，半埋入土，塑工清秀，在明代佛像中可称上品。

灵岩寺各殿本皆发券窑洞建筑，砖砌券洞繁复相接，如古罗马遗建，由断墙土丘上边下望，正殿偏西，残窑多眼尚存。更像隧道密室相关连，有阴森之气，微觉可怕，中间多停棺枢，外砌砖檐，印象亦略如罗马石棺，在木造建筑的中国里探访遗迹，极少有此经验的。券洞中一处，尚存券底画壁，颜色鲜好，画工精美，当为明代遗物。

砖塔在正殿之后，建于明嘉靖二十八年。这塔可作晋冀两省一种晚明砖塔的代表。砖塔之后，有砖砌小城，由旁面小门入方城内，别有天地，楼阁廊舍，尚极完整，但阒无人声，院内荒芜，野草丛生，幽静如梦；与"城"以外的堂皇残址，露坐铁佛，风味迥殊。

这院内左右配殿各窑五眼，窑筑巩固，背面向外，即为所见小城墙。殿中各余明刻木像一尊。北面有基窑七眼，上建楼殿七大间，即远望巍然有琉璃瓦者。两旁更有跨楼，石级露台曲折，可从窑外登小阁，转入正楼。夕阳落漠，淡影随人转移，处处是诗情画趣，一时记忆几不及于建筑结构形状。

下楼徘徊在东西配殿廊下看读碑文，在荆棘拥护之中，得朱之俊崇祯年间碑，碑文叙述水陆楼的建造原始甚详。朱之俊自述："夜宿寺中，俄梦散步院落，仰视左右，有楼翼然，赫辉壮观，若新成形……觉而异焉，质明举似普门师，师为余言水陆阁像，颇与梦合。余因征水陆缘起，慨然首事。……"各处尚存碑碣多座，叙述寺已往的盛史。惟有现在破烂的情形，及其原因，在碑上是找不出来的。

正在留恋中，老村人好事进来，打断我们的沉思，开始问答，告诉我们这寺最后的一页惨史。据说是光绪二十六年替换村长时，新旧两长各竖一帜，怂恿村人械斗，将寺拆毁。数日间竟成一片瓦砾之场，触目伤心；现在全寺余此一院楼厢，及院外一塔而已。

孝义县　吴屯村　东岳庙

由汾阳出发南行，本来可雇教会汽车到介休，由介休改乘公共汽车到霍州赵城等县。但大雨之后，道路泥泞，且同蒲路正在炸山筑路，公共汽车道多段已拆毁不能通行，沿途跋涉露宿，大部分竟以徒步到达。

　　我们曾因道阻留于孝义城外吴屯村，夜宿村东门东岳庙正殿廊下；庙本甚小，仅余一院一殿，正殿结构奇特，屋顶的繁复做法，是我们在山西所见的庙宇中最已甚的。小殿向着东门，在田野中间镇座，好像乡间新娘，满头花钿，正要回门的神气。

　　庙院平铺砖块，填筑甚高，围墙矮短如栏杆，因墙外地洼，用不着高墙围护；三面风景，一面城楼，地方亦极别致。庙厢已作乡间学校，但仅在日中授课，顽童日出即到，落暮始散。夜里仅一老人看守，闻说日间亦是教员，薪金每年得二十金而已。

　　院略为方形，殿在院正中，平面则为正方形，前加浅隘的抱厦。两旁有斜照壁，殿身屋顶是歇山造；抱厦亦然，但山面向前，与开栅圣母庙正殿极相似，但因前为抱厦，全顶呈繁乱状，加以装饰物，愈富缛不堪设想。这殿的斗栱甚为奇特，其全朵的权衡，为普通斗栱的所不常有，因为横栱——尤其是泥道栱及其慢栱——甚短，以致斗栱的轮廓耸峻，呈高瘦状。殿深一间，用补间斗栱三朵。抱厦较殿身稍狭，用补间铺作一朵，各层出四十五度斜昂。昂嘴纤弱，颛入颇深。各斗栱上的耍头，厚只及材之半，刻作霸王拳，劣匠弄巧的弊病，在在可见。

侧面阑额之下，在柱头外用角替，而不用由额，这角替外一头伸出柱外，托阑额头下，方整无饰，这种做法无意中巧合力学原则，倒是罕贵的一例。檐部用椽子一层，并无飞椽，亦奇。但建造年月不易断定。我们夜宿廊下，仰首静观檐底黑影，看凉月出没云底，星斗时现时隐，人工自然，悠然溶合入梦，滋味深长。

霍县 太清观

以上所记，除大相村崇胜寺规模宏大及圣母庙年代在明以前，结构适当外，其他建筑都不甚重要。霍州县城甚大，庙观多，且魁伟，登城楼上望眺，城外景物和城内嵯峨的殿宇对照，堪称壮观。以全城印象而论，我们所到各处，当无能出霍州右者。

霍县太清观在北门内，志称宋天圣二年，道人陶崇人建，元延祐三年道人陈泰师修。观建于土丘之上，高出两旁地面甚多，而且愈往后愈高，最后部庭院与城墙顶平，全部布局颇饶趣味。

观中现存建筑多明清以后物。惟有前殿，额曰"金阙玄元之殿"，最饶古趣。殿三间，悬山顶，立在很高的阶基上；前有月台，高如阶基。斗栱雄大，重栱重昂造，当心间用补间铺作两朵，梢间用一朵。柱头铺作上的耍头，已成挑尖梁头形式，但昂的宽度，却仍早制，未曾加大。想当是明初近乎官式的作品。这殿的檐部，也是不用飞椽的。最后一殿，歇山重檐造，由形制上看来，恐是清中叶以后新建。

霍县　文庙

霍县文庙，建于元至元间，现在大门内还存元碑四座。由结构上看来，大概有许多座殿宇，还是元代遗构。在平面布置上，自大成门左右一直到后面，四周都有廊庑，显然是古代的制度。可惜现在全庙被划分两半，前半——大成殿以南——驻有军队，后半是一所小学校，前后并不通行，各分门户，与我们视察上许多不便。

前后各主要殿宇，在结构法上是一贯的。棂星门以内，便是大成门，门三间，屋顶悬山造。柱瘦高而额细，全部权衡颇高，尤其是因为柱之瘦长，颇类唐代壁画中所常视的现象。斗栱简单，单抄四铺作，令栱上施替木，以承橑檐抟。华栱之上施耍头，与令栱及慢栱相交，耍头后尾作楷头，承托在梁下；梁头也伸出到楷头之上，至为妥当合理。斗栱布置疏朗，每间只用补间铺作一朵，放在细长的阑额及其厚阔的普拍枋上。普拍枋出柱头处抹角斜割，与他处所见元代遗物刻海棠卷瓣者略同。中柱上亦用简单的斗栱，华栱上一材，前后出楷头以承大梁。左右两中柱间用柱头枋一材在慢栱上相联络；这柱头枋在左右中柱上向梢间出头作蚂蚱头，并不通排山。大成门梁架用材轻爽经济，将本身的重量减轻，是极妥善的做法。我们所见檐部只用圆椽，其上无飞檐椽的，这又是一例。

大成殿亦三间，规模并不大。殿立在比例高耸的阶基上，前有月台；上用砖砌栏杆（这矮的月台上本是用不着的）。殿顶歇山造。全部权衡也是峻耸状。因柱子很高，故斗栱比例显得很小。

斗栱，单下昂四铺作，出一跳，昂头施令栱以承橑檐枋及枋。昂嘴颐势圜和，但转角铺作角昂及由昂，则较为纤长。昂尾单独一根，斜挑下平抟下，结构异常简洁，也许稍嫌薄弱。斗栱布置疏朗，每门只用补间铺作一朵，三角形的垫栱板在这里竟成扁长形状。

歇山部分的构架，是用两层的丁栿，将山部托住。下层丁栿与阑额平，其上托斗栱。上层丁栿外端托在外檐斗栱之上，内端在金柱上，上托山部构架。

霍县　东福昌寺

祝圣寺原名东福昌寺，明万历间始改今名。唐贞观四年，僧清宣奉敕建。元延祐四年，僧圆琳重建，后改为霍山驿。明洪武十八年，仍建为寺。现时因与西福昌寺关系，俗称上寺下寺。就现存的建筑看，大概还多是元代的遗物。

东福昌寺诸建筑中，最值得注意的，莫过于正殿。殿七楹，斗栱疏朗，尤其在昂嘴的势上，富于元代的意味。殿顶结构，至为奇特。乍见是歇山顶，但是殿本身屋顶与其下围廊顶是不连续成一整片的，殿上盖悬山顶，而在周围廊上盖一面坡顶（围廊虽有转角绕殿左右，但止及殿左右朵殿前面为止）。

上面悬山顶有它自己的勾滴，降一级将水泄到下面一面坡顶上。汉代遗物中，瓦顶有这种两坡做法，如高颐石阙及纽约博物馆藏汉明器，便是两个例，其中一个是四阿顶，一个是歇山顶。日本奈良法隆寺玉虫厨子，也用同式的顶。这种古式的结构，不意在此得见其遗制，是我们所极高兴的。关于这种屋顶，已在本刊五卷二期《汉代建筑式样与装饰》一文中详论，不必在此赘述。

在正殿左右为朵殿，这朵殿与正殿殿身，正殿围廊三部屋顶连接的结构法，至为妥善，在清式建筑中已不见这种智巧灵活的做法，官式规制更守住呆板办法删除特种变化的结构，殊可惜。正殿阶基颇高，前有月台，阶基及月台角石上，均刻蟠龙，如《营造法式》石作之制；此例雕饰曾见于应县佛宫寺塔月台角石上。可见此处建筑规制必早在辽明以前。

后殿由形制上看，大概与正殿同时，当心间补间铺作用斜栱斜昂，如大同善化寺金建三圣殿所见。后殿前庭院正中，尚有唐代经幢一柱存在，经幢之旁，有北魏造像残石，用砖龛砌护。石原为五像，弥勒（？）正中坐，左右各二菩萨挟侍，惜残破不堪；左面二菩萨且已缺毁不存。弥勒垂足交胫坐，与云冈初期作品同，衣纹体态，无一非北魏初期的表征，古拙可喜。

霍县　西福昌寺

西福昌寺与东福昌寺在城内大街上东西相称。按《霍州志》，贞观四年，敕尉迟恭监造。初名普济寺。太宗以破宋老生于此，贞观三年，设建寺以树福田，济营魄。乃命虞世南，李百药，褚遂良，颜师古，岑文本，许敬宗，朱子奢等为碑文。可惜现时许多碑石，一件也没有存在的了。

146

现在正殿五间。左右朵殿三间，当属元明遗构。殿廊下金泰和二年碑，则称寺创自太平兴国三年。前廊檐柱尚有宋式覆盆柱础。前殿三间，歇山造，形制较古，门上用两门簪，也是辽宋之制。殿内塑像，颇似大同善化寺诸像。惜过游时，天色已晚，细雨不辍，未得摄影。但在殿中摸索，燃火在什物尘垢之中，瞻望佛容而已。

全寺地势前低后高。庭院层层高起，亦如太清观，但跨院旧址尚广，断墙倒壁，老榭荒草中，杂以民居，破落已极。

霍县　火星圣母庙

火星圣母庙在县北门内。这庙并不古，却颇有几处值得注意之点。在大门之内，左右厢房各三间，当心间支出垂花雨罩，新颖可爱，足供新设计参考采用。正殿及献食棚屋顶的结构，各部相互间的联络，在复杂中倒合理有趣。在平面的布置上，正殿三间，左右朵殿各一间，正殿前有廊三间，廊前为正方形献食棚，左右廊子各一间。

这多数相联络殿廊的屋顶；正殿及朵殿悬山造，殿廊一面坡顶，较正殿顶低一级，略如东福昌寺大殿的做法。献食棚顶用十字脊，正面及左右歇山，后面脊延长，与一面坡相交；左右廊子则用卷棚悬山顶。全部联络法至为灵巧，非北平官式建筑物屋顶所能有。

献食棚前琉璃狮子一对，塑工至精，纹路秀丽，神气生猛，堪称上品。东廊下明清碑碣及嵌石颇多。

霍县　县政府大堂

在霍县县政府的大堂的结构上，我们得见到滑稽绝伦的建筑独例。大堂前有抱厦，面阔三间。当心间阔而梢间稍狭，四柱之上，以极小的阑额相联络，其上却托着一整根极大的普拍枋，将中国建筑传统的构材权衡完全颠倒。这还不足为奇；最荒谬的是这大普拍枋之上，承托斗栱七朵，朵与朵间都是等距离，而没有一朵是放在任何柱头之上，作者竟将斗栱在结构上之原意义，完全忘却，随便位置。斗栱位置不随立柱安排，除此一例外，惟在以善于作中国式建筑自命的慕菲氏所设计的南京金陵女子大学得又见之。

斗栱单昂四铺作，令栱与耍头相交，梁头放在耍头之上。补间铺作则将撑头木伸出于耍头之上，刻作麻叶云。令栱两散斗特大，两旁有卷耳，略如爱奥尼克（Ionic）柱头形。中部几朵斗栱，大斗之下，用板块垫起，但其作用与皿板并不相同。

阑额两端刻卷草纹，花样颇美。柱础宝装莲瓣覆盆，只分八瓣，雕工精到。

据壁上嵌石；元大德九年（一三〇五年），某宗室"自明远郡（现地名待考）朝觐往返，霍郡适当其冲，虑郡廨隘陋"，所以增大重建。至于现存建筑物的做法及权衡，古今所无，年代殊难断定。

县府大门上斗栱华栱层层作卷瓣，也是违背常规的做法。

霍县　北门外桥及铁牛

北门桥上的铁牛，算是霍州一景，其实牛很平常，桥上栏杆则在建筑师的眼中，不但可算一景，简直可称一出喜剧。

桥五孔，是北方所常见的石桥，本无足怪。少见的是桥栏杆的雕刻，尤以望柱为甚。栏版的花纹，各个不同，或用莲花，如意，万字，钟，鼓等等纹样，刻工虽不精而布置尚可，可称粗枝大叶的石刻。至于望柱，柱头上的雕饰，则动植物，博古，几何形，无所不有，个个不同，没有重复，其中如猴子，人手，鼓，瓶，佛手，仙桃，葫芦，十六角形块，以及许多无名的怪形体，粗糙罗列，如同儿戏，无一不足，令人发笑。

至于铁牛，与我们曾见过无数的明代铁牛一样，笨蠢无生气，虽然相传为尉迟恭铸造，以制河保城的。牛日夜为村童骑坐抚摸，古色光润，自是当地一宝。

赵城县　侯村　女娲庙

由赵城县城上霍山，离城八里，路过侯村，离村三四里，已看见巍然高起的殿宇。女娲庙，《志》称唐构，访谒时我们固是抱着很大的希望的。

庙的平面，地面深广，以正殿——娲皇殿——为中心，四周为廊屋，南面廊屋中部为二门，二门之外，左右仍为廊屋，南面为墙，正中辟山门，这样将庙分为内外两院。内院正殿居中，外院则有碑亭两座东西对立，印象宏大。这种是比较少见的平面布置。

按庙内宋开宝六年碑："乃于平阳故都，得女娲原庙重修，……南北百丈，东西九筵；雾罩檐楹，香飞户牖，……"但《志》称天宝六年重修，也许是开宝六年之误。次古的有元至元十四年重修碑，此外明清两代重修或祀祭的碑碣无数。

现存的正殿五间，重檐歇山，额曰娲皇殿。柱高瘦而斗栱不甚大。上檐斗栱，重栱双下昂造，每间用补间铺作一朵；下檐单下昂，无补间铺作。就上檐斗栱看，柱头铺作的下昂，较补间铺作者稍宽，其上有颇大的梁头伸出，略具"桃尖"之形，下檐亦有梁头，但较小。就这点上看来，这殿的年代，恐不能早过元末明初。现在正脊桁下且尚大书崇祯年间重修的字样。

柱头间联络的阑额甚细小，上承宽厚的普拍枋。歇山部分的梁架，也似汾阳国宁寺所见，用斗栱在顺梁（或额）上承托采步金梁，因顺梁大小只同阑额，颇呈脆弱之状。这殿的彩画，尤其是内檐的，尚富古风，颇有《营造法式》彩画的意味。殿门上铁铸门钹，门钉，铸工极精俊。

二门内偏东宋石经幢，全部权衡虽不算十分优美，但是各部的浮雕精绝，须弥座之上枋的佛迹图，正中刻城门，甚似敦煌壁画中所绘，左右图"太子"所见。中段覆盘，八面各刻狮象。上段仰莲座，各瓣均有精美花纹，其上刻花蕊。除大相村天保造像外，这经幢当为此行所见石刻中之最上妙品。

赵城县　广胜寺下寺

一年多以前，赵城宋版藏经之发现，轰动了学术界，广胜寺之名，已传遍全国了。国人只知藏经之可贵，而不知广胜寺建筑之珍奇。广胜寺距赵城县城东南约四十里，据霍山南端。寺分上下两院，俗称"上寺""下寺"。上寺在山上，下寺在山麓，相距里许（但是照当地乡人的说法却是上山五里下山一里）。

由赵城县出发，约经二十里平原，地势始渐高，此二十里虽说是平原，但多黏土平头小冈，路陷赤土谷中，蜿蜒出入，左右只见土崖及其上麦黍，头上一线蓝天，炎日当顶，极乏趣味。后二十里积渐坡斜，直上高冈，盘绕上下，既可前望山峦屏嶂，俯瞰田陇农舍，及又穿行几处山庄村落，中间小庙城楼，街巷里井，均极幽雅有画意，树亦渐多渐茂，古干有合抱的，底下必供着树神，留着香火的痕迹。山中甘泉至此已成溪，所经地域，妇人童子多在濯菜浣衣，利用天然。泉清如琉璃，常可见底，见之使人顿觉清凉，风景是越前进越妩媚可爱。

但快到广胜寺时，却又走到一片平原上，这平原浩荡辽阔乃是最高一座山脚的干河床，满地石片，几乎不毛，不过霍山如屏，晚照斜阳早已在望，气象反开朗宏壮，现出北方风景的性格来。因为我们向着正东，恰好对着广胜寺前行，可看其上下两院殿宇，及宝塔，附依着山侧，在夕阳渲染中闪烁辉映，直至日落。寺由山下望着虽近，我们却在暮霭中兼程一时许，至人困骡乏，始赶到下寺门前。

下寺据在山坡上，前低后高，规模并不甚大。前为山门三间，由兜峻的甬道可上。山门之内为前院，又上而达前殿。前殿五间，左右有钟鼓楼，紧贴在山墙上，楼下券洞可通行，即为前殿之左右掖门。前殿之后为后院，正殿七间居后面正中，左右有东西配殿。

山　门　山门外观奇特，最饶古趣。屋盖歇山造，柱高，出檐远，主檐之下前后各有"垂花雨搭"，悬出檐柱以外，故前后面为重檐，侧面为单檐。主檐斗栱单抄单下昂造，重栱五铺作，外出两跳。下昂并不挑起。但侧面小柱上，则用双抄。泥道重栱之上，只施柱头枋一层，其上并无压槽枋。外第一跳重栱，第二跳令栱之上施替木以承挑檐榑。耍头斫作蚂蚱头形，斜面微亸，如大同各寺所见。

雨搭由檐柱挑出，悬柱上施阑额，普拍枋，其上斗栱单抄四铺作单栱造。悬柱下端截齐，并无雕饰。殿身檐柱甚高，阑额纤细，普拍枋宽大，阑额出头斫作蚂蚱头形。普拍枋则斜抹角。内部中柱上用斗栱，承托六椽栿下，前后平椽缝下，施替木及襻间。脊榑及上平榑，均用蜀柱直接立于四椽栿上。檐椽

153

只一层，不施飞椽。如山门这样外表，尚为我们初见；四椽栿上三蜀柱并立，可以省却一道平梁，也是少见的。

前　殿　前殿五间，殿顶悬山造，殿之东西为钟鼓楼。阶基高出前院约三米，前有月台；月台左右为礓磜甬道，通钟鼓楼之下。

前殿除当心间南面外，只有柱头铺作，而没有补间铺作。斗栱，正心用泥道重栱，单昂出一跳，四铺作，跳头施令栱替木，以承橑檐榑，甚古简。令栱与梁头相交，昂嘴颜势甚弯。后面不用补间铺作，更为简洁。

在平面上，南面左右第二缝金柱地位上不用柱，却用极大的内额，由内平柱直跨至山柱上，而将左右第二缝前后檐柱上的"乳栿"（？）尾特别伸长，斜向上挑起，中段放在上述内额之上，上端在平梁之下相接，承托着平梁之中部，这与斗栱的用昂，在原则上，是相同的，可以说是一根极大的昂。

广胜寺上下两院，都用与此相类的结构法。这种构架，在我们历年国内各地所见许多的遗物中，这还是第一个先例。尤其重要的，是因日本的古建筑，尤其是飞鸟灵乐等初期的遗构，都是用极大的昂，结构与此相类，这个实例乃大可佐证建筑家早就怀疑的问题，这问题便是日本这种结构法，是直接承受中国宋以前建筑规制，并非自创，而此种规制，在中国后代反倒失传或罕见。同时使我们相信广胜寺各构，在建筑遗物实例中的重要，远超过于我们起初所想象的。

两山梁架用材极为轻秀，为普通大建筑物中所少见。前后出檐飞子极短，博风版狭而长。正脊垂脊及吻兽均雕饰繁富。殿北面门内供僧像一躯，显然埃及风味，煞是可怪。两山墙外为钟鼓楼下有砖砌阶基。下为发券门道可以通行。阶基立小小方亭。斗栱单昂，十字脊歇山顶。就钟鼓楼的位置论，这也不是一个常见的布置法。殿内佛像颇笨拙，没有特别精彩处。

正　殿　正殿七间居最后。正中三间辟门，门左右很高的直棂槛窗。殿顶也是悬山造。

斗栱五铺作，重栱，出两跳，单抄单下昂，昂是明清所常见的假昂，乃将平置的华栱而加以昂嘴的。斗栱只施于柱头不用补间铺作。令栱上施替木，以承橑檐枋。泥道重栱之上，只施柱头枋一层，其上相隔颇远，方置压槽枋。论到用斗栱之简洁，我们所见到的古建筑，以这两处为最；虽然就斗栱与建筑物本身的权衡比起来，并不算特别大，而且在昂嘴及普拍枋出头处等详部，似乎倾向较后的年代，但是就大体看，这寺的建筑，其古洁的确是超过现存所有中国古建筑的。这个到底是后代承袭较早的遗制，还是原来古构已含了后代的几个特征，却甚难说。

正殿的梁架结构，与前殿大致相同。在平面上左右缝内柱与檐柱不对中，所以左右第一二缝檐柱上的乳栿，皆将后尾翘起，搭在大内额上，但栿（或昂）尾只压在四椽栿下，不似前殿之在平梁下正中相交。四椽栿以上侏儒柱及平梁均轻秀如前殿，这两殿用材之经济，虽尚未细测，只就肉眼观察，较以前我们所看过的辽代建筑尚过之。若与官式清代梁架比，真可算中国建筑中梁架轻重之两极端，就比例上计算，这寺梁的横断面的面积，也许不到清式梁的横断面三分之一。

正殿佛像五尊，塑工精极，虽然经过多次的重妆，还与大同华岩寺簿伽教藏殿塑像多少相似。侍立诸菩萨尤为俏丽有神，饶有唐风，佛容衣带，庄者庄，逸者逸，塑造技艺，实臻绝顶。东西山墙下十八罗汉，并无特长，当非原物。

东山墙尖象眼壁上，尚有壁画一小块，图像色泽皆美。据说民十六寺僧将两山壁画卖与古玩商，以价款修葺殿宇，这虽是极不幸的事，但是据说当时殿宇倾颓，若不如此，便将殿画同归于尽。如果此语属实，殿宇因此而存，壁画虽流落异邦，但也算两者均得其所。惟恐此种计划仍然是盗卖古物谋利的动机。现在美国彭省大学博物院所陈列的一幅精美的称为"唐"的壁画，与此甚似。近又闻美国甘撒斯省立博物院，新近得壁画，售者告以出处，即云此寺。

朵　殿　正殿之东西各有朵殿三间。朵殿亦悬山造，柱瘦高，额细，普拍枋甚宽。斗栱四铺作单下昂。当心间用补间铺作两朵，稍间一朵。全部与正殿前殿大致相似，当是同年代物。

赵城县　广胜寺上寺

上寺在霍山最南的低峦上。寺前的"琉璃宝塔"，兀立山头，由四五十里外望之，已极清晰。

由下寺到上寺的路颇兜峻，盘石奇大，但石皮极平润，坡上点缀着山松，风景如中国画里山水近景常见的布局，峦顶却是一个小小的高原，由此望下，可看下寺，鸟瞰全景；高原的南头就是上寺山门所在。山门之内是空院，空院之北，与山门相对者为垂花门。垂花门内在正中线上，立着"琉璃宝塔"。塔后为前殿，著名的宋版藏经，就藏在这殿里。前殿之后是个空敞的前院，左右为厢房，北面为正殿。正殿之后为后殿，左右亦有两厢。此外在山坡上尚有两三处附属的小屋子。

琉璃宝塔 亦称为飞虹塔。就平面的位置上说，塔立在垂花门之内，前殿之前的正中线上，本是唐制。塔平面作八角形，高十三级，塔身砖砌，饰以琉璃瓦的角柱，斗栱檐瓦佛像等等。最下层有木围廊。这种做法，与热河永麻寺舍利塔及北平香山静宜园琉璃塔是一样的。但这塔围廊之上，南面尚出小抱厦一间，上交十字脊。

全部的权衡上看，这塔的收分特别的急速，最上层檐与最下层砖檐相较，其大小只及下者三分之一强。而且上下各层的塔檐轮廓成一直线，没有卷杀（entagis）圜和之味。各层檐角也不翘起，全部呆板的直线，绝无寻常中国建筑柔和的线路。

塔之最下层供极大的释迦坐像一尊，如应县佛宫寺木塔之制。下层顶棚作穹窿式，饰以极繁细的琉璃斗栱。塔内有级可登，其结构法之奇特，在我们尚属初见。普通的砖塔内部，大半不可入，尤少可以攀登的。这塔却是个较罕的例外。塔内阶级每步高约六七十公分，宽约十余公分，成一个约合六十度的兜峻的坡度。这极高极狭的踏步每段到了终点，平常用"半楼板"lanaing的地方，却不用lanaing，竟忽然停止，由这一段的最上一级，反身却可逴过空的lanaing，攀住背面墙上又一段踏步的最下一级；在梯的两旁墙上，留下小砖孔，可以容两手攀扶及放烛火的地方。走上这没有半丝光线的峻梯的人，在战栗之余，不由得不赞叹设计者心思之巧妙。

关于这塔的年代，相传建于北周，我们除在形制上可以断定其为明清规模外，在许多的琉璃上，我们得见正德十年的年号，所以现存塔身之形成，年代很少可疑之点。底层木廊正檩下，又有"天启二年创建"字样，就是廊子过大而不相称的权衡看来，我们差不多可以断定正德的原塔是没有这廊子的。

虽然在建筑的全部上看来，各种琉璃瓦饰用得繁缛不得当，如各朵斗栱的要头，均塑作狰狞的鬼脸，尤为滑稽；但就琉璃自身的质地及塑工说，可算无上精品。

前 殿 前殿在塔之北：殿的前面及殿前不甚大的院子，整个被高大的塔挡住。殿面阔五间，进深四间，屋顶单檐歇山造。斗栱，重栱造，双下昂；正面当心间用补间铺作两朵，次间一朵，稍间不用；这种的布置，实在是疏朗的，但因开间狭而柱高，故颇呈密挤之状，骤看似晚代布置法。但在山面，却不用补间铺作，这种正侧两面完全不同的布置，又是他处所未见。柱头与柱头之间联络，阑额较小而普拍枋宽大，角柱上出头处，阑额斫作头，普拍枋头斜抹角。我们以往所见两普拍枋在柱头相接处（即《营造法式》所谓"普拍枋间缝"），都顶头放置，但此殿所见，则如《营造法式》卷三十所见"勾头搭掌"的做法，也许以前我们疏忽了，所以迟迟至今才初次开眼。

前殿的梁架，与下寺诸殿梁架亦有一个相同之点，就是大昂之应用。除去前后檐间的大昂外，两山下的大昂，尤为巧妙。可惜摄影失败，只留得这帧不甚准确的速写断面图。这大昂的下端承托在斗栱耍头之上，中部放在"采步金"梁之上，后尾高高翘起，挑着平梁的中段，这种做法，与下寺所见者同一原则，而用得尤为得当。

前殿塑像颇佳，虽已经过多次的重塑，但尚保存原来清秀之气。佛像两旁侍立像，宋风十足，背面像则略次。

正　殿　面阔五间，悬山造，前殿开敞的庭院，与前殿隔院相望。骤见殿前廊檐，极易误认为近世的构造，但廊檐之内，抱头梁上，赫然犹见单昂斗栱的原状。如同下寺正殿一样，这殿并不用补间铺作，结构异常简洁。内部梁架，因有顶棚，故未得见，但一定也有伟大奇特的做法。

正殿供像三尊，释迦及文殊普贤，塑工极精，富有宋风；

其中尤以菩萨为美。佛帐上剔空浮雕花草龙兽几何纹，精美绝伦，乃木雕中之无上好品。两山墙下列坐十八罗汉铁像，大概是明代所铸。

后　殿　居寺之最后。面阔五间，进深四间，四阿顶。因面阔进深为五与四之比，所以正脊长只及当心间之广，异常短促，为别处所未见。内柱相距甚远，与檐柱不并列。斗栱为五铺作双下昂。当心间用补间铺作两朵，次间梢间及两山各用一朵。柱头铺作两下昂平置，托在梁下，补间铺作则将第二层昂尾挑起。柱瘦高，额细长，普拍枋较额略宽。角柱上出头处，阑额斫作楷头，普拍枋抹角，做法与前殿完全相同。殿内梁架用材轻巧，可与前殿相埒。山面中线上有大昂尾挑上平榑下。内柱上无内额，四阿并不推山。梁架一部分的彩画，如几道榑下红地白绿色的宝相华（？），及斗栱上的细边古织锦文，想都是原来色泽。

殿除南面当心间辟门外，四周全有厚壁。壁上画像不见得十分古，也不见得十分好。当心间格扇，花心用雕镂拼镶极精细的圆形相交花纹，略如《营造法式》卷三十二所见"挑白球文格眼"，而精细过之。这格扇的格眼，乃由许多各个的梭形或箭形雕片镶成，在做工上是极高的成就。在横披上，格扇纹样与下面略异，而较近乎清式"菱花格扇"的图案。

后殿佛像五尊，塑工甚劣，面貌肥俗，手臂无骨，衣褶圆而不垂，背光繁缛不堪，佛冕及发全是密宗的做法。侍立菩萨较清秀，但都不如正殿塑像远甚。

广胜寺上下两院的主要殿宇，除琉璃宝塔而外，大概都属于同一时期，它们的结构法及作风都是一致的。上下两寺壁间嵌石颇多，碑碣也不少，其中叙述寺之起源者，有治平元年重刻的郭子仪奏碣。碣字体及花边均甚古雅。文如下：

晋州赵城县城东南三十里，霍山南脚上，古育王塔院一所。右河东□观察使司徒□兼中书令，汾阳郡王郭子仪奏；臣据□朔方左厢兵马使，开府仪同三司，试太常卿，五原郡王李光瓒状称；前塔接山带水，古迹见存，堪置伽蓝，自愿成立。伏乞奏置一寺，为国崇益福□，仍请以阿育王为额者。巨准状牒州勘责，得者寿百姓陈仙童等状，与光瓒所请，置寺为广胜。因伏乞天恩，遂其诚愿，如蒙特命，赐以为额，仍请于当州诸寺选僧住持洒扫。中书门下牒河东观察使牒奉敕故牒。大历四年五月二十七日牒。住寺阇梨僧口切见当寺石碣岁久，骧坏年深，今欲整新，重标斯记。治平元年，十一月二十九日。

由右碣文看来，寺之创立甚古，而在唐代宗朝就原有塔院建立伽蓝，敕名广胜。至宋英宗时，伽蓝想仍是唐代原建。但不知何时伽蓝颓毁，以致需要将下寺：

计九殿自（金）皇统元年辛酉（一一四一年）至贞元元年癸酉（一一五三年），历二十三年，无年不兴工。……

却是这样大的工程，据元延祐六年（一三一九年）石，则：

大德七年（一三〇三年），地震，古刹毁，大德九年修渠（即下寺前水渠），木装。延祐六年始修殿。

大德七年的地震一定很剧烈，以致"古刹毁"。现存的殿宇，用大昂的梁架虽属初次拜见，无由与其他梁架遗例比较。但就斗栱枋额看，如下昂嘴纤弱的卷杀普拍枋出头处之抹去方角，都与他处所见相似。至于瘦高的檐柱和细长的额枋，又与霍县文庙如出一手。其为元代遗物，殆少可疑。不过梁架的做法，极为奇特，在近数年寻求所得，这还是惟一的一个孤例，极值得我们研究的。

赵城县　广胜寺　明应王殿

广胜寺在赵城一带，以其泉水出名。在山麓下下寺之前，有无数的甘泉，由石缝及地下涌出，供给赵城洪洞两县饮料及灌溉之用。凡是有水的地方都得有一位龙王，所以就有龙王庙。

这一处龙王庙规模之大，远在普通龙王庙之上，其正殿——明应王殿——竟是个五间正方重檐的大建筑物。若是论到殿的年代，也是龙王庙中之极古者。

明应王殿平面五间，正方形，其中三间正方为殿身，周以回廊。上檐显山顶，檐下施重栱双下昂斗栱。当心间施补间铺作两朵，次间施一朵。斗栱权衡颇为雄大，但两下昂都是平置的华栱，而加以昂嘴的。下檐只用单下昂，次间梢间不施补间铺作，当心间只施一朵，而这一朵却有四十五度角的斜昂。

阑额的权衡上下两檐有显著之异点，上檐阑额较高较薄，下檐则极小；而普拍枋则上檐宽薄，而下檐高厚。上檐以阑额为主而辅以普拍枋，下檐与之正相反，且在额下施繁缛的雕花罩子。殿身内前面两金柱省去，而用大梁由前面重檐柱直达后金柱，而在前金柱分位上施扒梁。并无特殊之点。

明应王殿四壁皆有壁画，为元代匠师笔迹。据说正门之上有画师的姓名及年月，须登梯拂尘燃灯始得读，惜匆匆未能如愿。至于壁画，其题材纯为非宗教的，现有古代壁画，大多为佛像，这种题材，至为罕贵。至于殿的年代，大概是元大德地震以后所建，与嵩山少林寺大德年间所建鼓楼，有许多相似之点。

明应王殿的壁画，和上下寺的梁架，都是极罕贵的遗物，都是我们所未见过的独例。由美术史上看来，都是绝端重要的史料。我们预备再到赵城作较长时间的逗留，俾得对此数物，作一个较精密的研究。目前只能作此简略的记述而已。

赵城县　霍山　中镇庙

照县志的说法，广胜寺在县城东南四十里霍山顶，兴唐寺唐建，在城东三十里霍山中，所以我们认为它们在同一相近的去处，同在霍山上，相去不过二十余里，因而预定先到广胜寺，再由山上绕至兴唐寺去。却是事实乃有大谬不然者。到了广胜寺始知到兴唐寺还须下山绕到去城八里的侯村，再折回向东行再行入山，始能到达。我心想既称唐建，又在山中，如果原构仍然完好，我们岂可惮烦，轻轻放过。

我们晨九时离开广胜寺下山，等到折回又到了霍山时已走了十二小时！沿途风景较广胜寺更佳，但近山时实已入夜，山

路崎岖峰峦迫近如巨屏，谷中渐黑，凉风四起，只听脚下泉声
奔湍，看山后一两颗星点透出夜色，骡役俱疲，摸索难进，竟
落后里许。我们本是一直徒步先行的，至此更得奋勇前进，不
敢稍息（怕夫役强主回头，在小村落里住下），入山深处，出
手已不见掌，加以脚下危石错落，松柏横斜，行颇不易。喘息
攀登，约一小时，始见远处一灯高悬，掩映松间，知已近庙，
更急进敲门。

等到老道出来应对，始知原来我们仍远离着兴唐寺三里
多，这处为霍岳山神之庙亦称中镇庙。乃将错就错，在此住下。

我们到时已数小时未食，故第一事便到"香厨"里去烹
煮。厨在山坡上窑穴中，高踞庙后左角，庙址既大，高下不
齐，废园荒圃，在黑夜中更是神秘，当夜我们就在正殿塑像下
秉烛洗脸铺床，同时细察梁架，知其非近代物。这殿奇高，烛
影之中，印象森然。

第二天起来忙到兴唐寺去，一夜的希望顿成泡影。兴唐寺
虽在山中，却不知如何竟已全部拆建，除却几座清式的小殿
外，还加洋式门面等等；新塑像极小，或罩以玻璃框，鄙俗无
比，全庙无一样值得纪录的。中镇庙虽非我们初时所属意，
来后倒觉得可以略略研究一下。据《山西古物古迹调查表》，

谓庙之创建在隋开皇十四年，其实就形制上看来，恐最早不过元代。

殿身五间，周围廊，重檐歇山顶。上檐施单抄单下昂五铺作斗栱，下檐则仅单下昂。斗栱颇大，上下檐俱用补间铺作一朵。昂嘴细长而直；耍头前面微颐，而上部圆头突起，至为奇特。

太原县　晋祠

晋祠离太原仅五十里，汽车一点多钟可达，历来为出名的"名胜"，闻人名士由太原去游览的风气自古盛行。我们在探访古建的习惯中，多对"名胜"怀疑：因为最是"名胜"容易遭"重修"乃至于"重建"的大毁坏，原有建筑故最难得保存！所以我们虽然知道晋祠离太原近在咫尺，且在太原至汾阳的公路上，我们亦未尝预备去访"胜"的。

直至赴汾的公共汽车上了一个小小山坡，绕着晋祠的背后过去时，忽然间我们才惊异的抓住车窗，望着那一角正殿的侧影，爱不忍释。相信晋祠虽成"名胜"却仍为"古迹"无疑。那样魁伟的殿顶，雄大的斗栱，深远的出檐，到汽车过了对面山坡时，尚巍巍在望，非常醒目。晋祠全部的布置，则因有树木看不清楚，但范围不小，却也是一望可知。

我们惭愧不应因其列为名胜而即定其不古，故相约一月后归途至此下车，虽不能详察或测量，至少亦得浏览摄影，略考其年代结构。

由汾回太原时我们在山西已过了月余的旅行生活，心力俱疲，还带着种种行李什物，诸多不便，但因那一角殿宇常在心目中，无论如何不肯失之交臂，所以到底停下来预备作半日的勾留，如果错过那末后一趟公共汽车回太原的话，也只好听天由命，晚上再设法露宿或住店！

在那种不便的情形下，带着一不做，二不休的拼命心理，我们下了那挤到水泄不通的公共汽车，在大堆行李中捡出我们的"粗重细软"——由杏花村的酒坛子到峪道河边的兰芝种子——累累赘赘的，背着捎着，到车站里安顿时，我们几乎埋怨到晋祠的建筑太像样——如果花花簇簇的来个乾隆重建，我们这些麻烦不全省了么？

但是一进了晋祠大门，那一种说不出的美丽辉映的大花园，使我们惊喜愉悦，过于初时的期望。无以名之，只得叫它做花园。其实晋祠布置又像庙观的院落，又像华丽的宫苑，全部兼有开敞堂皇的局面和曲折深邃的雅趣，大殿楼阁在古树娑婆池流映带之间，实像个放大的私家园亭。

所谓唐槐周柏，虽不能断其为原物，但枝干奇伟，虬曲横卧，煞是可观。池水清碧，游鱼闲逸，还有后山石级小径楼观石亭各种衬托。各殿雄壮，巍然其间，使初进园时的印象，感到俯仰堂皇，左右秀媚，无所不适。虽然再进去即发现近代名流所增建的中西合璧的丑怪小亭子等等，夹杂其间。

圣母庙为晋祠中间最大的一组建筑；除正殿外，尚有前面"飞梁"（即十字木桥），献殿及金人台，牌楼等等，今分述如下：

正　殿　晋祠圣母庙大殿，重檐歇山顶，面阔七间进深六间，平面几成方形，在布置上，至为奇特。殿身五间，副阶周匝。但是前廊之深为两间，内槽深三间，故前廊异常空敞，在我们尚属初见。

斗栱的分配，至为疏朗。在殿之正面，每间用补间铺作一朵，侧面则仅梢间用补间铺作。下檐斗栱五铺作，单栱出两跳；柱头出双下昂，补间出单抄单下昂。上檐斗栱六铺作，单栱出三跳，柱头出双抄单下昂，补间出单抄双下昂，第一跳偷心，但饰以翼形栱。但是在下昂的形式及用法上，这里又是一种未曾得见的奇例。柱头铺作上极长大的昂嘴两层，与地面完全平行，与柱成正角，下面平，上面斫𫖮，并未将昂嘴向下斜斫或斜插，亦不求其与补间铺作的真下昂平行，完全真率的坦然放在那里，诚然是大胆诚实的做法。在补间铺作上，第一层昂昂尾向上挑起，第二层则将与令栱相交的耍头加长斫成昂嘴形，并不与真昂平行的向外伸出。

这种做法与正定龙兴寺摩尼殿斗栱极相似，至于其豪放生动，似较之尤胜。在转角铺作上，各层昂及由昂均水平的伸出，由下面望去，颇呈高爽之象。山面除梢间外，均不用补间铺作。斗栱彩画与《营造法式》卷三十四"五彩遍装"者极相似。虽属后世重装，当是古法。

这殿斗栱俱用单栱，泥道单栱上用柱头枋四层，各层枋间用斗垫托。阑额狭而高，上施薄而宽的普拍枋。角柱上只普拍枋出头，阑额不出。平柱至角柱间，有显著的生起。梁架为普通平置的梁，殿内因黑暗，时间匆促，未得细查。前殿因深两间，故在四椽栿上立童柱，以承上檐，童柱与相对之内柱间，除斗栱上之乳栿及札牵外，柱头上更用普拍枋一道以相固济。

按卫聚贤《晋祠指南》，称圣母庙为宋天圣年间建。由结构法及外形姿势看来，较《营造法式》所订的做法的确更古拙豪放，天圣之说当属可靠。

献　殿　献殿在正殿之前，中隔放生池。殿三间，歇山顶。与正殿结构法手法完全是同一时代同一规制之下的。斗栱单栱五铺作；柱头铺作双下昂，补间铺作单抄单下昂，第一跳偷心，但饰以小小翼形栱。正面每间用补间铺作一朵，山面惟正中间用补间铺作。柱头铺作的双下昂，完全平置，后尾承托梁下，昂嘴与地面平行，如正殿的昂。补间则下昂后尾挑起，耍头与令栱相交，长长伸出，斫作昂嘴形。两殿斗栱外面不同之点，惟在令栱之上，正殿用通长的挑檐枋，而献殿则用替木。斗栱后尾惟下昂挑起，全部偷心，第二跳跳头安梭形"栱"，单独的昂尾挑在平抟之下。至于柱头普拍枋，与正殿完全相同。

献殿的梁架，只是简单的四椽栿上放一层平梁，梁身简单轻巧，不弱不费，故能经久不坏。殿之四周均无墙壁，当心间前后辟门，其余各间在坚厚的槛墙之上安直棂栅栏，如《营造法式》小木作中之义子，当心间门扇亦为直棂栅栏门。

殿前阶基上铁狮子一对，极精美，筋肉真实，灵动如生。左狮胸前文曰"太原文水弟子郭丑牛兄……政和八年四月二十六日"，座后文为"灵石县任章常杜任用段和定……"，右狮字不全，只余"乐善"二字。

飞 梁　正殿与献殿之间，有所谓"飞梁"者，横跨鱼沼之上。在建筑史上，这"飞梁"是我们现在所知的惟一的孤例。本刊五卷一期中，刘敦桢先生在《石轴柱桥述要》一文中，对于石柱桥有详细的伸述，并引《关中记》及《唐六典》中所纪录的石柱桥。就晋祠所见，则在池中立方约三十公分的石柱若干，柱上端微卷杀如殿宇之柱；柱上有普拍枋相交，其上置斗，斗上施十字栱相交，以承梁或额。在形制上这桥诚然极古，当与正殿献殿属于同一时期。而在名称上尚保存着古名，谓之飞梁，这也是极罕贵值得注意的。

金 人　献殿前牌楼之前，有方形的台基，上面四角上各立铁人一，谓之金人台。四金人之中，有两个是宋代所铸，其西南角金人胸前铸字，为宋故绵州魏城令刘植……等于绍圣四年立。像塑法平庸，字体尚佳。其中两个近代补铸，一清朝，一民国，塑铸都同等的恶劣。

晋祠范围以内，尚有唐叔虞祠，关帝庙等处，匆促未得入览，只好俟诸异日。唐贞观碑原石及后代另摹刻的一碑均存，且有碑亭妥为保护。

山西民居

门　楼　山西的村落无论大小，很少没有一个门楼的。村落的四周，并不一定都有围墙，但是在大道入村处，必须建这种一座纪念性建筑物，提醒旅客，告诉他又到一处村镇了。河北境内虽也有这种布局，但究竟不如山西普遍。

山西民居的建筑也非常复杂，由最简单的穴居到村里深邃富丽的财主住宅院落，到城市中紧凑细致的讲究房子，颇有许多特殊之点，值得注意的。但限于篇幅及不多的相片，只能略举一二，详细分类研究，只能等待以后的机会了。

穴　居　穴居之风，盛行于黄河流域，散见于河南，山西，陕西，甘肃诸省，龙非了先生在本刊五卷一期《穴居杂考》一文中，已讨论得极为详尽。这次在山西随处得见；穴内冬暖夏凉，住居颇为舒适，但空气不流通，是一个极大的缺憾。穴窑均作抛物线形，内部有装饰极精者，窑壁抹灰，乃至用油漆护墙。窑内除火炕外，更有衣橱桌椅等等家具。窑穴时常据在削壁之旁，成一幅雄壮的风景画，或有穴门权衡优美纯净，可在建筑术中称上品的。

砖　窑　这并非北平所谓烧砖的窑，乃是指用砖发券的房子而言。虽没有向深处研究，我们若说砖窑是用砖来摹仿崖旁的土窑，当不至于大错。这是因住惯了穴居的人，要脱去土窑的短处，如潮湿，土陷的危险等等，而保存其长处，如高度的隔热力等，所以用砖砌成窑形，三眼或五眼，内部可以互通。为要压下券的推力，故在两旁须用极厚的墙墩：为要使券顶坚固，故须用土作撞券。这种极厚的墙壁，自然有极高的隔热力的。

这种窑券顶上，均用砖墁平，在秋收的时候，可以用作曝晒粮食的露台。或防匪时村中临时城楼，因各家窑顶多相联，为便于升上窑顶，所以窑旁均有阶级可登。山西的民居，无论贫富，什九以上都有砖窑或土窑的，乃至在寺庙建筑中，往往也用这种做法。在赵城至霍山途中，适过一所建筑中的砖窑，颇饶趣味。

在这里我们要特别介绍在霍山某民居门上所见的木版印门神，那种简洁刚劲的笔法，是匠画中所绝无仅有的。

磨　坊　磨坊虽不是一种普通的民居，但是住着却别有风味。磨坊利用急流的溪水做发动力，所以必须引水入庭院而入室下，推动机轮，然后再循着水道出去流入山溪。因磨粉机不息的震动，所以房子不能用发券，而用特别粗大的梁架。因求面粉洁净，坊内均铺光润的地板。凡此种种，都使得磨坊成一种极舒适凉爽，又富有雅趣的住处，尤其是峪道河深山深溪之间，世外桃源里，难怪被人看中做消夏最合宜的别墅。

由全部的布局上看来，山西的村野的民居，最善利用地势，就山崖的峻缓高下，层层叠叠，自然成画！使建筑在它所在的地上，如同自然由地里长出来，权衡适宜，不带丝毫勉强，无意中得到建筑术上极难得的优点。

农庄内民居　就是在很小的村庄之内，庄中富有的农人也常有极其讲究的房子，这种房子和北方城市中的"瓦房"同一模型，皆以"四合头"为基本，分配的形式，中加屏门，垂花门等等。其与北平通常所见最不同处有四点：

一、在平面上，假设正房向南，东西厢房的位置全在北房"通面阔"的宽度以内，使正院成一南北长东西窄，狭长的一条，失去四方的形式。这个布置在平面上当然是省了许多地盘，比将厢房移出正房通面阔以外经济，且因其如此，正房及厢房的屋顶（多半平顶）极容易联络，石梯的位置，就可在厢房北头，夹在正房与厢房之间，上到某程便可分两面，一面旁转上到厢房顶，又一面再上几级可达正房顶。

二、虽说是瓦房，实仍为平顶砖窑，仅留前廊或前檐部分用斜坡青瓦。侧面看去实像砖墙前加用"雨搭"。

三、屋外观印象与所谓三开间同，但内部却仍为三窑眼，窑与窑间亦用发券门，印象完全不似寻常堂屋。

四、屋的后面女儿墙上做成城楼式的箭垛，所以整个房子后身由外面看去直成一座堡垒。

城市中民居　如介休灵石城市中民房与村落中讲究的大同小异，但多有楼，如用窑造亦仅限于下层。城中房屋栉比，拥挤不堪，平面布置尤其经济，不多占地盘，正院比普通的更瘦窄。一房与它房间多用夹道，大门多在曲折的夹道内，不像北平房子之庄重均衡，虽然内部则仍沿用一正两厢的规模。

这种房子最特异之点，在瓦坡前后两片不平均的分配。房脊靠后许多，约在全进深四分之三的地方，所以前坡斜长，后坡短促，前檐玲珑，后墙高垒，作内秀外雄的样子，倒极合理有趣。

赵城霍州的民房所占地盘较介休一般从容得多。赵城房子的檐廊部分尤多繁富的木雕，院内真是画梁雕栋琳琅满目，房子虽大，联络甚好，因厢房与正屋多相连属，可通行。

山庄财主的住房　这种房子在一个庄中可有两三家，遥遥相对，仍可以令人想象到当日的气焰。其所占地面之大，外墙之高，砖石木料上之工艺，楼阁别院之复杂，均出于我们意料之外甚多。灵石往南，在汾水东西有几个山庄，背山临水，不宜耕种，其中富户均经商别省，发财后回来筑舍显耀宗族的。

房子造法形式与其他山西讲究房子相同，但较近于北平官式，做工极其完美。外墙石造雄厚惊人，有所谓"百尺楼"者，即此种房子的外墙，依着山崖筑造，楼居其上。由庄外遥望，十数里外犹可见，百尺矗立，崔嵬奇伟，足镇山河，为建筑上之荣耀！

结　尾

这次晋汾一带暑假的旅行，正巧遇着同蒲铁路兴工期间，公路被毁，给我们机会将三百余里的路程，慢慢的细看，假使坐汽车或火车，则有许多地方都没有停留的机会，我们所错过的古建，是如何的可惜。

山西因历代争战较少，故古建筑保存得特多。我们以前在河北及晋北调查古建筑所得的若干见识，到太原以南的区域，若观察不慎，时常有以今乱古的危险。

在山西中部以南，大个儿斗栱并不希罕，古制犹存。但是明清期间山西的大斗栱，栱斗昂嘴的卷杀极其弯矫，斜栱用得毫无节制，而斗栱上加入纤细的三福云一类的无谓雕饰，允其曝露后期的弱点，所以在时代的鉴别上，仔细观察，还不十分扰乱。

殿宇的制度，有许多极大的寺观，主要的殿宇都用悬山顶，如赵城广胜下寺的正殿前殿，上寺的正殿等，与清代对于殿顶的观念略有不同。同时又有多种复杂的屋顶结构，如霍县火星圣母庙，文水县开栅镇圣母庙等等，为明清以后官式建筑中所少见。有许多重要的殿宇，檐椽之上不用飞椽，有时用而极短。明清以后的作品，雕饰偏于繁缛，尤其屋顶上的琉璃瓦，制瓦者往往为对于一件一题雕塑的兴趣所驱，而忘却了全部的布局，甚悖建筑图案简洁的美德。

发券的建筑，为山西一个重要的特征，其来源大概是由于穴居而起，所以民居庙宇莫不用之，而自成一种特征，如太原的永祚寺大雄宝殿，是中国发券建筑中的主要作品，我们虽然怀疑它是受了耶稣会士东来的影响，但若没有山西原有通用的方法，也不会形成那样一种特殊的建筑的。在券上筑楼，也是山西的一种特征，所以在古剧里，凡以山西为背景的，多有上楼下楼的情形，可见其为一种极普遍的建筑法。

赵城县广胜寺在结构上最特殊，寺旁明应王殿的壁画，为壁画不以佛道为题材的惟一孤例，所以我们在最近的将来，即将前往详究。晋祠圣母庙的正殿，飞梁，献殿，为宋天圣间重要的遗构，我们也必须去作进一步的研究的。

云冈石窟中所表现的北魏建筑

绪　言

廿二年九月间，营造学社同人，趁着到大同测绘辽金遗建华严寺，善化寺等之便，决定附带到云冈去游览，考察数日。

云冈灵岩石窟寺，为中国早期佛教史迹壮观。因天然的形势，在绵亘峭立的岩壁上，凿造龛像建立寺宇，动伟大的工程，如《水经注》灢水条所述"凿石开山，因岩结构，真容巨壮，世法所希，山堂水殿，烟寺相望"，又如《续高僧传》中所描写的"面别镌像，穷诸巧丽，龛别异状，骇动人神"，则

注：本文原载《中国营造学社汇刊》第 3 卷 3~4 期，1933 年 12 月，署名：梁思成，林徽因，刘敦桢。

这灵岩石窟更是后魏艺术之精华——中国美术史上一个极重要时期中难得的大宗实物遗证。

但是或因两个极简单的原因，这云冈石窟的雕刻，除掉其在宗教意义上，频受人民香火，偶遭帝王巡幸礼拜外，十数世纪来直到近三十余年前，在这讲究金石考古学术的中国里，却并未有人注意及之。

我们所疑心的几个简单的原因，第一个浅而易见的，自是地处边僻，交通不便。第二个原因，或是因为云冈石窟诸刻中，没有文字。窟外或崖壁上即使有，如《续高僧传》中所称之碑碣，却早已漫没不存痕迹，所以在这偏重碑拓文字的中国金石学界里，便引不起什么注意。第三个原因，是士大夫阶级好排斥异端，如朱彝尊的《云冈石佛记》，即其一例，宜其湮没千余年，不为通儒硕学所称道。

近人中，最早得见石窟，并且认识其在艺术史方面的价值和地位：发表文章；记载其雕饰形状；考据其兴造年代的，当推日人伊东，和新会陈援庵先生，此后专家作有统系的调查和详细摄影的，有法人沙畹（Chavannes），日人关野贞，小野诸人，各人的论著均以这时期因佛教的传布，中国艺术固有的血脉中，忽然渗杂旺而有力的外来影响，为可重视。且西域所传入的影响，其根苗可远推至希腊古典的渊源，中间经过复杂的途径，迤逦波斯，蔓延印度，更推迁至西域诸族，又由南北两路健驮罗及西藏以达中国。这种不同文化的交流濡染，为历史上最有趣的现象，而云冈石刻便是这种现象，极明晰的实证之一种，自然也就是近代治史者所最珍视的材料了。

根据着云冈诸窟的雕饰花纹的母题（motif）及刻法，佛像的衣褶容貌及姿势，断定中国艺术约莫由这时期起，走入一个新的转变，是毫无问题的。以汉代遗刻中所表现的一切戆直古劲的人物车马花纹，与六朝以还的佛像饰纹和浮雕的草叶，璎珞，飞仙等等相比较，则前后判然不同的倾向，一望而知。仅以刻法而论，前者单简冥顽，后者在质朴中，忽而柔和生动，更是相去悬殊。

但云冈雕刻中，"非中国"的表现甚多；或显明承袭希腊古典宗脉；或繁富的渗杂印度佛教艺术影响；其主要各派原素多是囫囵包并，不难历历辨认出来的。因此又与后魏迁洛以后所建伊阙石窟——即龙门——诸刻稍不相同。以地点论，洛阳伊阙已是中原文化中心所在；以时间论，魏帝迁洛时，距武州凿窟已经半世纪之久；此期中国本有艺术的风格，得到西域袭入的增益后，更是根深蒂固，一日千里，反将外来势力积渐融化，与本有的精神冶于一炉。

云冈雕刻既然上与汉刻迥异，下与龙门较，又有很大差

182

别，其在中国艺术史中，固自成一特种时期。近来中西人士对于云冈石刻更感兴趣，专程到那里谒拜鉴赏的，便成为常事，摄影翻印，到处可以看到。同人等初意不过是来大同机会不易，顺便去灵岩开开眼界，瞻仰后魏艺术的重要表现；如果获得一些新的材料，则不妨图录笔记下来，作一种云冈研究补遗。以前从搜集建筑实物史料方面，我们早就注意到云冈，龙门，及天龙山等处石刻上"建筑的"（architectural）价值，所以造值之外，影片中所呈示的各种浮雕花纹及建筑部分（若门楣，栏杆，柱塔等等）均早已列入我们建筑实物史料的档库。

这次来到云冈，我们得以亲自抚摩这些珍罕的建筑实物遗证，同行诸人，不约而同的第一转念，便是作一种关于云冈石窟"建筑的"方面比较详尽的分类报告。

这"建筑的"方面有两种：一是洞本身的布置，构造及年代，与敦煌印度之差别等等，这个倒是比较简单的；一是洞中石刻上所表现的北魏建筑物及建筑部分，这后者却是个大大有意思的研究，也就是本篇所最注重处，亦所以命题者。然后我们当更讨论到云冈飞仙的雕刻，及石刻中所有的雕饰花纹的题材，式样等等，最后当在可能范围内，研究到窟前当时，历来，及现在的附属木构部分，以结束本篇。

一　洞　名

云冈诸窟，自来调查者各以主观命名，所根据的，多倚赖于传闻，以讹传讹，极不一致。如沙畹书中未将东部四洞列入，仅由东部算起；关野虽然将东部补入，却又遗漏中部西端三洞。至于伊东最早的调查，只限于中部诸洞，把东西二部全体遗漏，虽说时间短促，也未免遗漏太厉害了。

本文所以要先厘定各洞名称，俾下文说明，有所根据。兹依云冈地势分云冈为东、中、西三大部。每部自东迄西，依次排号；小洞无关重要者从略。再将沙畹，关野，小野三人对于同一洞的编号及名称，分行列于底下，以作参考。

东部

沙畹命名	关野命名（附中国名称）	小野调查之名称
第一洞 No.1	（东塔洞）	石鼓洞
第二洞 No.2	（西塔洞）	寒泉洞
第三洞 No.3	（隋大佛洞）	灵岩寺洞
第四洞 No.4		

中部

第一洞 No.1	No.5（大佛洞）	阿弥陀佛洞
第二洞 No.2	No.6（大四面佛洞）	释迦佛洞

第三洞 No.3	No.7（西来第一佛洞）	准提阁菩萨洞
第四洞 No.4	No.8（佛籁洞）	佛籁洞
第五洞 No.5	No.9（释迦洞）	阿佛闪洞
第六洞 No.6	No.10（持钵佛洞）	毗庐佛洞
第七洞 No.7	No.11（四面佛洞）	接引佛洞
第八洞 No.8	No.12（椅像洞）	离垢地菩萨洞
第九洞 No.9	No.13（弥勒洞）	文殊菩萨洞

西部

第一洞 No.16	No.16（立佛洞）	接引佛洞
第二洞 No.17	No.17（弥勒三尊洞）	阿闪佛洞
第三洞 No.18	No.18（立三佛洞）	阿闪佛洞
第四洞 No.19	No.19（大佛三洞）	宝生佛洞
第五洞 No.20	No.20（大露佛）	白佛耶洞
第六洞 No.21	（塔洞）	千佛洞

本文仅就建筑与装饰花纹方面研究，凡无重要价值的小洞，如中部西端三洞与西部东端二洞，均不列入，故篇中名称，与沙畹、关野两人的号数不合。此外云冈对岸西小山上，有相传造像工人所凿，自为功德的鲁班窑二小洞；和云冈西七里姑子庙地方，被川水冲毁，仅余石壁残像的尼寺石祇洹舍，均无关重要，不在本文范围以内。

二 洞的平面及其建造年代

云冈诸窟中，只是西部第一到第五洞，平面作椭圆形，或杏仁形，与其他各洞不同。关野常盘合著的《支那佛教史迹》第二集评解，引魏书兴光元年，于五缎大寺为太祖以下五帝铸铜像之例，疑此五洞亦为纪念太祖以下五帝而设，并疑《魏书释老志》所言昙曜开窟五所，即此五洞，其时代在云冈诸洞中为最早。

考《魏书释老志》卷百十四原文："兴光元年秋，敕有司于五缎大寺内，为太祖以下五帝，铸释迦立像五，各长一丈六尺。……太安初，有师子国胡沙门邪奢遗多浮随难提等五人，奉佛像三到京都，皆云备历西域诸国，见佛影迹及肉髻，外国诸王相承，咸遣工匠摹写其容，莫能及难提所造者。去十余步视之炳然，转近转微。又沙勒胡沙门赴京致佛钵，并画像迹。和平初，师贤辛，昙曜代之，更名沙门统。初，昙曜以复法之明年，自中山被命赴京，值帝出，见于路，……帝后奉以师礼。昙曜白帝，于京城西武州塞，凿山石壁，开窟五所，镌建佛像各一，高者七十尺，次六十尺。雕饰奇伟，冠于一世。"

所谓"复法之明年"，自是兴安二年（四五三年），魏文成帝即位的第二年，也就是太武帝崩后第二年。关于此书，有

《续高僧传》昙曜传中一段记载，年月非常清楚："先是太武皇帝太平真君七年，司徒崔皓令帝崇重道士寇谦之，拜为天师，珍敬老氏。虔刘释种，焚毁寺塔。至庚寅年（太平真君十一年），太武感疠疾，方始开悟。帝心既悔，咏夷崔氏。至壬辰年（太平真君十三年亦即，安兴元年）太武云崩，子文成立，即起塔寺，搜访经典。毁法七载，三宝还兴；曜慨前陵废，欣今重复……"由太平真君七年毁法，到兴安元年"起塔寺""访经典"的时候，正是前后七年，故有所谓"毁法七载，三宝还兴"的话；那么无疑的"复法之明年"，即是兴安二年了。

所可疑的只是：（一）到底昙曜是否在"复法之明年"见了文成帝便去开窟，还是到了"和平初，师贤卒"他做了沙门统之后，才"白帝于京城西……开窟五所"？这里前后就有八年的差别，因魏文成帝于兴安二年后改号兴光，一年后又改太安，太安共五年，才改号和平的。（二）《释老志》文中"后帝奉以师礼，曜白帝于京城西"这里"后"字，亦颇蹊跷。到底这时候，距昙曜初见文成帝时候有多久？见文成帝之年固为兴安二年，他禀明要开窟之年（即使不待他做了沙门统），也可在此后两三年，三四年之中，帝奉以师礼之后！

总而言之，我们所知道的只是昙曜于兴安二年（四五三年）入京见文成帝，到和平初年（四六〇年）做了沙门统。至于武州塞五窟，到底是在这八年中的哪一年兴造的，则不能断定了。

《释老志》关于开窟事，和兴光元年铸像事的中间，又记载那一节太安初师子国（锡兰）胡沙门难提等奉像到京都事。并且有很恭维难提摹写佛容技术的话。这个令人颇疑心与石窟镌像，有相当瓜葛。即不武断的说，难提与石窟巨像，有直接关系，因难提造像之佳，"视之炳然"，而猜测他所摹写的一派佛容，必然大大的影响当时佛像的容貌，或是极合理的。云冈诸刻虽多健驮罗影响，而西部五洞巨像的容貌衣褶，却带极浓厚的中印度气味的。

至于《释老志》，"昙曜开窟五所"的窟，或即是云冈西部的五洞，此说由云冈石窟的平面方面看起来，我们觉得更可以置信。（一）因为它们的平面配置，自成一统系，又自左至右五洞，适相联贯。（二）此五洞皆有本尊像及胁侍，面貌最富异国情调，与他洞佛像大异。（三）洞内壁面列无数小龛小佛，雕刻甚浅，没有释迦事迹图。塔与装饰花纹亦甚少，和中部诸洞不同。（四）洞的平面由不规则的形体，进为有规则之方形或长方形，乃工作自然之进展与要求。因这五洞平面的不规则，故断定其开凿年代必最早。

《支那佛教史迹》第二集评解中，又谓中部第一洞为孝文帝纪念其父献文帝所造，其时代仅次于西部五大洞。因为此洞平面前部，虽有长方形之外室，后部仍为不规则之形体，乃过渡时代最佳之例。这种说法，固甚动听，但文献上无佐证，实不能定谳。

中部第三洞，有太和十三年铭刻；第七洞窗东侧，有太和十九年铭刻，及洞内东壁曾由叶恭绰先生发现之太和七年铭刻。文中有"邑义信士女等五十四人……共相劝合为国兴福，敬造石庙形象九十五区及诸菩萨，愿以此福……"等等。其他中部各洞全无考。但就佛容及零星雕刻作风而论，中部偏东诸洞，仍富于异国情调。偏西诸洞，虽洞内因石质风化过甚，形象多经后世修葺，原有精神完全失掉，而洞外崖壁上的刻像，石质较坚硬，刀法伶俐可观，佛貌又每每微长，口角含笑，衣褶流畅精美，渐类龙门诸像。已是较晚期的作风无疑。和平初年到太和七年，已是二十三年，实在不能不算是一个相当的距离。且由第七洞更偏西去的诸洞，由形势论，当是更晚的增辟，年代当又在太和七年后若干年了。

西部五大洞之外，西边无数龛洞（多已在崖面成浅龛），以作风论，大体较后于中部偏东四洞，而又较古于中部偏西诸洞。但亦偶有例外，如西部第六洞的洞口东侧，有太和十九年铭刻，与其东侧小洞，有延昌年间的铭刻。

我们认为最希奇的是东部未竣工的第三洞。此洞又名灵岩，传为昙曜的译经楼，规模之大，为云冈各洞之最。虽未竣工，但可看出内部佛像之后，原计划似预备凿通，俾可绕行佛后的，外部更在洞顶崖上，凿出独立的塔一对，塔后石壁上，又有小洞一排，为他洞所无。以事实论，颇疑此洞因孝文帝南迁至洛阳，在龙门另营石窟，平城（即大同）日就衰落，故此洞工作，半途中辍。但确否尚需考证，以作风论，关野常盘谓第三洞佛像在北魏与唐之间，疑为隋炀帝纪念其父文帝所建。新海中川合著之《云冈石窟》竟直称为初唐遗物。这两说未免过于武断。事实上，隋唐皆都长安洛阳，绝无于云冈造大窟之理，史上亦无此先例。且即根据作风来察这东部大洞的三尊巨像的时代，也颇有疑难之处。

我们前边所称，早期异国情调的佛像，面容为肥圆的；其衣纹细薄，贴附于像身（所谓湿褶纹者）；佛体呆板，僵硬，且权衡短促；与他像修长微笑的容貌，斜肩而长身，质实垂重的衣裾褶纹，相较起来，显然有大区别。现在这里的三像，事实上虽可信其为云冈最晚的工程，但像貌，衣褶，权衡，反与前者，所谓异国神情者，同出一辙，骤反后期风格。

不过在刀法方面观察起来，这三像的各样刻工，又与前面两派不同，独成一格。这点在背光和头饰的上面，尤其显著。

这三像的背光上火焰，极其回绕柔和之能事，与西部古劲挺强者大有差别；胁侍菩萨的头饰则繁富精致，花纹更柔圆近于唐代气味（论者定其为初唐遗物，或即为此）。佛容上，耳，鼻，手的外廓刻法，亦肥圆避免锐角，项颈上三纹堆叠，更类他处隋代雕像特征。

这样看来，这三像岂为早期所具规模，至后（迁洛前）才去雕饰的，一种特殊情况下遗留的作品？不然，岂太和以后某时期中云冈造像之风暂缺，至孝文帝迁都以前，镌建东部这大洞时，刻像的手法乃大变，一反中部风格，倒去模仿西部五大洞巨像的神气？再不然，即是兴造此洞时，在佛像方面，有指定的印度佛像作模型镌刻。关于这点，文献上既苦无材料帮同消解这种种哑谜。东部未竣工的大洞兴造年代，与佛像雕刻时期，到底若何，怕仍成为疑问，不是从前论断者所见得的那么简单"洞未完竣而辍工"。近年偏西次洞又遭凿毁一角，东部这三洞，灾故又何多？

现在就平面及雕刻诸点论，我们可约略的说：西部五大洞建筑年代最早，中部偏东诸大洞次之，西部偏西诸洞又次之。中部偏西各洞及崖壁外大龛再次之。东部在雕刻细工上，则无疑的在最后。

离云冈全部稍远，有最偏东的两塔洞，塔居洞中心，注重于建筑形式方面，瓦檐，斗栱及支柱，均极清晰显明，佛像反模糊无甚特长，年代当与中部诸大洞前后相若，尤其是释迦事迹图，宛似中部第二洞中所有。就塔洞论，洞中央之塔柱雕大尊像者较早，雕楼阁者次之。详下文解释。

三　石窟的源流问题

石窟的制作受佛教之启迪，毫无疑问，但印度Ajanta诸窟之平面，比较复杂，且纵穴甚深，内有支提塔，有柱廊，非我国所有。据von Le Coq在新疆所调查者，其平面以一室为最普通，亦有二室者。室为方形，较印度之窟简单，但是诸窟的前面用走廊连贯，骤然看去，多数的独立的小窟团结一气，颇觉复杂，这种布置，似乎在中国窟与印度窟之间。

敦煌诸窟，伯希和书中没有平面图，不得知其详。就像片推测，有二室联结的。有塔柱，四面雕佛像的。室的平面，也是以方形和长方形居多。疑与新疆石窟是属于一个系统，只因没有走廊联络，故更为简单。

云冈中部诸洞，大半都是前后两间。室内以方形和长方形为最普通。当然受敦煌及西域的影响较多，受印度的影响较少。所不可解者，昙曜最初所造的西部五大窟，何以独作椭圆形，杏仁形，其后中部诸洞，始与敦煌等处一致？岂此五洞出自昙曜及其工师独创的意匠？抑或受了敦煌西域以外的影响？在全国石窟尚未经精密调查的今日，这个问题又只得悬起待考了。

四 石刻中所表现的建筑形式

（一）塔

云冈石窟所表现的塔分两种：一种是塔柱，另一种便是壁面上浮雕的塔。

甲 塔柱是个立体实质的石柱，四面镂着佛像，最初塔柱是模仿印度石窟中的支提塔，纯然为信仰之对象。这种塔柱立在中央，为的是僧众可以绕行柱的周围，礼赞供养。伯希和《敦煌图录》中认为北凉建造的第一百十一洞，就有塔柱，每面皆琢佛像。云冈东部第四洞，及中部第二洞，第七洞，也都是如此琢像在四面的，其受敦煌影响，当没有疑问。所宜注意之点，则是由支提塔变成四面雕像的塔柱，中间或尚有其过渡形式，未经认识，恐怕仍有待于专家的追求。

稍晚的塔柱，中间佛像缩小，柱全体成小楼阁式的塔，每面镂刻着檐柱，斗栱，当中刻门栱形（有时每面三间或五间），浮雕佛像，即坐在门栱里面。虽然因为连着洞顶，塔本身没有顶部，但底下各层，实可做当时木塔极好的模型。

与云冈石窟同时或更前的木构建筑，我们固未得见，但《魏书》中有许多建立多层浮图的记载，且《洛阳伽蓝记》中所描写的木塔，如熙平元年（五一六年）胡太后所建之永宁寺九层浮图，距云冈开始造窟仅五十余年，木塔营建之术，则已臻极高程度，可见半世纪前，三五层木塔，必已甚普通。

至于木造楼阁的历史，根据史料，更无疑的已有相当年代，如《后汉书》陶谦传，说"笮融大起浮屠寺，上累金盘，下为重楼"。而汉刻中，重楼之外，陶质冥器中，且有极类塔形的三层小阁，每上一层面阔且递减。故我们可以相信云冈塔柱，或浮雕上的层塔，必定是本着当时的木塔而镌刻的，绝非臆造的形式。因此云冈石刻塔，也就可以说是当时木塔的石仿模型了。

属于这种的云冈独立塔柱，共有五处，平面皆方形（《伽蓝记》中木塔亦谓"有四面"）列表如下：

东部第一洞　　　　　二层　　　　每层一间

东部第二洞　　　　　三层　　　　每层三间

中部东部谷中塔洞　　五层？　　　每层？间

西部第六洞　　　　　五层　　　　每层五间

中部第二洞　中间四大佛像　四角四塔柱　九层　每层三间

上列五例，以西部第六洞的塔柱为最大，保存最好。塔下原有台基。惜大部残毁不能辨认，上边五层重叠的阁，面阔与高度成递减式，即上层面阔同高度，比下层每次减少，使外观安稳隽秀。这个是中国木塔重要特征之一，不意频频见于北魏石窟雕刻上，可见当时木塔主要形式已是如此，只是平面，似尚限于方形。

日本奈良法隆寺，借高丽东渡僧人监造，建于隋炀帝大业三年（六〇七年），间接传中国六朝建筑形制。虽较熙平元年永宁寺塔，晚几一世纪，但因远在外境，形制上亦必守旧，不能如文化中区的迅速精进。法隆寺塔共五层，平面亦是方形；建筑方面已精美成熟，外表玲珑开展。推想在中国本土，先此百余年时，当已有相当可观的木塔建筑无疑。

至于建筑主要各部，在塔柱上亦皆镌刻完备，每层的阁所分各间，用八角柱区隔，中雕龛栱及像（龛有圆栱，五边栱两种间杂而用），柱上部放坐斗，载额枋，额枋上不见平板枋。斗栱仅柱上用一斗三升；补间用"人字栱"；檐椽只一层，断面作圆形，椽到阁的四隅作斜列状，有时檐角亦微微翘起。椽与上部的瓦陇间隔，则上下一致。最上层因须支撑洞的天顶，所以并无似浮雕上所刻的刹柱相轮等等。除此之外，所表现各部，都是北魏木塔难得的参考物。

又东部第一洞第二洞的塔柱，每层四隅皆有柱，现仅第二洞的尚存一部分。柱断面为方形，微去四角。旧时还有栏杆围绕，可惜全已毁坏。第一洞廊上的天花作方格式，还可以辨识。

中部第二洞的四小塔柱，位于刻大像的塔柱上层四隅。平面亦方形。阁共九层，向上递减至第六层。下六层四隅，有凌空支立的方柱。这四个塔柱因平面小，故檐下比较简单，无一斗三升的斗栱，人字栱及额枋。柱是直接支于檐下，上有大坐斗，如同多立克式柱头（Doric order），更有意思的，就是檐下每龛门栱上，左右两旁有伸出两卷瓣的栱头，与奈良法隆寺金堂上"云肘木"（即云形栱）或玉虫厨子柱上的"受肘木"极其相似，惟底下为墙，且无柱故亦无坐斗。

这几个多层的北魏塔型，又有个共有的观象，值得注意的，便是底下一层檐部，直接托住上层的阁，中间没有平坐。此点即奈良法隆寺五层塔亦如是。阁前虽有勾阑，却非后来的平坐，因其并不伸出阁外，另用斗栱承托着。

乙　浮雕的塔，遍见各洞，种类亦最多。除上层无相轮，仅刻忍冬草纹的，疑为浮雕柱的一种外（伊东因其上有忍冬草，称此种作哥林特式柱Corinthian order）其余列表如下：

一层塔

① 上方下圆，有相轮五重。见中部第二洞上层，及中部第九洞。

② 方形。见中部第九洞。

三层塔 —— 平面方形，每层间数不同。

① 中部第七洞，第一层一间，第二层二间，第三层一间，塔下有方座，脊有合角鸱尾，刹上具相轮五重，及宝珠。

② 中部第八第九洞，每层均一间。

③ 西部第六洞，第一层二间，第二、三层各一间，每层脊有合角鸱尾。

④ 西部第二洞，第一、二层各一间，第三层二间。

五层塔 —— 平面方形。

① 东部第二洞，此塔有侧脚。

② 中部第二洞有台基，各层面阔，高度，均向上递减。

③ 中部第七洞。

七层塔 —— 平面方形。

中部第七洞塔下有台座，无枭混及莲瓣。每层之角悬幡，刹上具相轮五层，及宝珠。

以上甲乙两种的塔，虽表现方法稍不同，但所表示的建筑式样，除圆顶塔一种外，全是中国"楼阁式塔"建筑的实例。现在可以综合它们的特征，列成以下各条：

（一）平面全限于方形一种，多边形尚不见。（二）塔的层数，只有东部第一洞有个偶数的，余全是奇数，与后代同。（三）各层面阔和高度向上递减，亦与后代一致。（四）塔下台基没有曲线枭混和莲瓣，颇像敦煌石窟的佛座，疑当时还没有像宋代须弥座的繁缛雕饰。但是后代的枭混曲线，似乎由这种直线枭混演变出来的。（五）塔的屋檐皆直檐（但浮雕中殿宇的前檐，有数处已明显的上翘），无裹角法，故亦无仔角梁老角梁之结构。（六）椽子仅一层，但已有斜列的翼角椽子。（七）东部第二窟之五层塔浮雕，柱上端向内倾斜，大概是后世侧脚之开始。（八）塔顶之形状：东部第二洞浮雕五层塔，下有方座。其露盘极像日本奈良法隆寺五重塔，其上忍冬草雕饰，如日本的受花，再上有覆钵，覆钵上刹柱饰，相轮五重顶，冠宝珠。可见法隆寺刹上诸物，俱传自我国，分别只在法隆寺塔刹的覆钵，在受花下，云冈的却居受花上。云冈刹上没有水烟，与日本的亦稍不同。相轮之外廓，上小下大（东部第二洞浮雕），中段稍向外膨出。东部第一洞与中部第二洞之浮雕塔，二塔三刹，关野谓为"三宝"之表征，其制为近世所没有。总之根本全个刹，即是一个窣堵波（stupa）。（九）中国楼阁向上递减，顶上加一个窣堵波，便为中国式的木塔。所以塔虽是佛教象征意义最重的建筑物，传到中土，却中国化了，变成这中印合璧的规模，而在全个结构及外观上中国成分，实又占得多。如果《后汉书》陶谦传所记载的，不是虚伪，此种木塔，在东汉末期，恐怕已经布下种子了？

（二）殿宇

壁上浮雕殿宇共有两种，一种是刻成殿宇正面模型；用每两柱间的空隙，镌刻较深佛龛而居像，另一种则是浅刻释迦事迹图中所表现的建筑物。这两种殿宇的规模，虽甚简单，但建筑部分，固颇清晰可观，和浮雕诸塔同样，有许多可供参考的价值，如同檐柱、额枋、斗栱、房基、栏杆、阶级等等。不过前一种既为佛龛的外饰，有时竟不是十分忠实的建筑模型；檐下瓦上，多增加非结构的花鸟，后者因在事迹图中，故只是单间的极简单的建筑物，所以两种均不足代表当时的宫室全部的规矩。它们所供给的有价值的实证，故仍在几个建筑部分上（详下文）。

（三）洞口柱廊

洞口因石质风化太甚，残破不堪，石刻建筑结构，多已不能辨认。但中部诸洞有前后两室者，前室多作柱廊，形式类希腊神庙前之茵安提斯（inantis）柱廊之布置。廊作长方形，面阔约倍于进深，前面门口加两根独立大支柱，分全面阔为三间。这种布置，亦见于山西天龙山石窟，惟在比例上，天龙山的廊较为低小，形状极近于木构的支柱及阑额。云冈柱廊（最完整的见于中部第八洞），柱身则高大无伦。廊内开敞，刻几层主要佛龛。惜外面其余建筑部分，均风化不稍留痕迹，无法考其原状。

五　石刻中所见建筑部分

（一）柱

柱的平面虽说有八角形，方形两种，但方形的，亦皆微去四角，而八角形的，亦非正八角形，只是所去四角稍多，"斜边"几乎等于"正边"而已。

柱础见于中部第八洞的，也作八角形，颇像宋式所谓櫍。柱身下大上小，但未有entasis及卷杀。柱面常有浅刻的花纹，或满琢小佛龛。柱上皆有坐斗，斗下有皿板，与法隆寺同。

柱部分显然得外国影响的，散见各处：如一，中部第八洞入口的两侧有二大柱，柱下承以台座，略如希腊古典的pedestal疑是受健驮罗的影响。二，中部第八洞柱廊内墙东南转角处，有一八角短柱立于勾栏上面；柱头略像方形小须弥座，柱中段绕以莲瓣雕饰，柱脚下又有忍冬草叶，由四角承托上来。这个柱的外形，极似印度式样，虽然柱头柱身及柱脚的雕饰，严格的全不本着印度花纹。三，各种希腊柱头中部第八洞有"爱奥尼亚"（Ionic order）式柱头极似Temple of Neandria柱头。散见于东部第一洞，中部三、四等洞的，有哥林特式柱头，但全极简单，不能与希腊正规的order相比；且云冈的柱头乃忍冬草大叶，远不如希腊acanthus叶的复杂。四，东部第四洞有人形柱，但极粗糙，且大部已毁。五，中部第二洞龛栱下，有小短柱支托，则又完全作波斯形式，且中部第八洞壁画上，亦有兽形栱与波斯兽形柱头相同。六，中部某部浮雕柱头，见于印度古石刻。

（二）阑额

阑额载于坐斗内，没有平板枋，额亦仅有一层。坐斗与阑额中间有细长替木，见中部第五、第八洞内壁上浮雕的正面殿宇。阑额之上又有坐斗，但较阑额下，柱头坐斗小很多，而与其所承托的斗栱上三个升子斗，大小略同。斗栱承柱头枋，枋则又直接承于椽子底下。

（三）斗栱

柱头铺作一斗三升放在柱头上之阑额上，栱身颇高，无栱瓣，与天龙山的例不同。升有皿板。补间，铺作有人字形栱，有皿板，人字之斜边作直线，或尚存古法。

中部第八洞壁面佛龛上的殿宇正面，其柱头铺作的斗栱，外形略似一斗三升，而实际乃刻两兽背面屈膝状，如波斯柱头。

（四）屋顶

一切屋顶全表现四柱式，无歇山，硬山，挑山等。屋角或上翘，或不翘，无子角梁老角梁之表现。

椽子皆一层，间隔较瓦轮稍密，瓦皆筒瓦。屋脊的装饰，正脊两端用鸱尾，中央及角脊用凤凰形装饰，尚保留汉石刻中所示的式样，正脊偶以三角形之火焰与凤凰，间杂用之，其数不一，非如近代，仅于正脊中央放置宝瓶。如中部第五第六第八等洞。

（五）门与栱

门皆方首。中部第五洞门上有斗栱檐椽，似模仿木造门罩的结构。

栱门多见于壁龛。计可分两种：圆栱及五边栱。圆栱的内周（introdus）多刻作龙形，两龙头在栱开始处。外周（extrodus）作宝珠形。栱面多雕趺坐的佛像。这种栱见于敦煌石窟，及印度古石刻，其印度的来源，甚为明显。所谓五边栱者，即方门抹去上两角；这种栱也许是中国固有。我国古代未有发券方法以前，有圭门圭窦之称；依字义解释，圭者尖首之谓，宜如⌂形，进一步在上面加一边而成⌂，也是演绎程序中可能的事，在敦煌无这种栱龛，但壁画中所画中国式城门，却是这种形式，至少可以证明云冈的五边栱，不是从西域传来的。后世宋代之城门，元之居庸关，都是用这种栱。云冈的五边栱，栱面都分为若干方格，格内多雕飞天；栱下或垂幔帐，或悬璎珞，做佛像的边框。间有少数佛龛，不用栱门，而用垂幛的。

（六）栏杆及踏步

踏步只见于中部第二洞佛迹图内殿宇之前。大都一组置于阶基正中，未见两组三组之列。阶基上的栏杆，刻作直棂，到踏步处并沿踏步两侧斜下。踏步栏杆下端，没有抱鼓石，与南京栖霞山舍利塔雕刻符合。

中部第五洞有万字栏杆，与日本法隆寺勾栏一致。这种栏杆是六朝唐宋间最普通的做法，图画见于敦煌壁画中；在蓟县独乐寺，应县佛宫寺塔上则都有实物留存至今。

（七）藻井

石窟顶部，多刻作藻井，这无疑的也是按照当时木构在石上模仿的。藻井多用“支条”分格，但也有不分格的。藻井装饰的母题，以飞仙及莲花为主，或单用一种，或两者参杂并用。龙也有用在藻井上的，但不多见。藻井之分划，依室的形状，颇不一律，较之后世齐整的方格，趣味丰富得多。斗八之制，亦见于此。窟顶都是平的，敦煌与天龙山之⌂形天顶，不见于云冈，是值得注意的。

六　石刻的飞仙

洞内外壁面与藻井及佛后背光上，多刻有飞仙，作盘翔飞舞的姿势，窈窕活泼，手中或承日月宝珠，或持乐器，有如基督教艺术中的安琪儿。飞仙的式样虽然甚多，大约可分两种，一种是着印度湿褶的衣裳而露脚的；一种是着短裳曳长裙而不露脚，裙末在脚下缠绕后，复张开飘扬的。两者相较，前者多肥笨而不自然，后者轻灵飘逸，极能表出乘风羽化的韵致，尤其是那开展的裙裾及肩臂上所披的飘带，生动有力，迎风飞舞，给人以回翔浮荡的印象。

从要考研飞仙的来源方面来观察它们，则我们不能不先以汉代石刻中与飞仙相似的神话人物，和印度佛教艺术中的飞仙，两相较比着看。结果极明显的，看出云冈的露脚，肥笨作跳跃状的飞仙，是本着印度的飞仙摹仿出来的无疑，完全与印度飞仙同一趣味。而那后者，长裙飘逸的，有一些并着两腿，望一边曳着腰身，裙末翘起，颇似人鱼，与汉刻中鱼尾托云的神话人物，则又显然同一根源。后者这种屈一膝作猛进姿势的，加以更飘散的裙裾，多脱去人鱼形状，更进一步，成为最生动灵敏的飞仙，我们疑心它们在云冈飞仙雕刻程序中，必为最后最成熟的作品。

天龙山石窟飞仙中之佳丽者，则是本着云冈这种长裙飞舞的，但更增富其衣褶，如腰部的散褶及裤带。肩上飘带，在天龙山的，亦更加曲折回绕，而飞翔姿势，亦愈柔和浪漫。每个飞仙加上衣带彩云，在布置上，常有成一圆形图案者。

曳长裙而不露脚的飞仙，在印度西域佛教艺术中俱无其例，殆亦可注意之点。且此种飞仙的服装，与唐代陶俑美人甚似，疑是直接写真当代女人服装。飞仙两臂的伸屈，颇多姿态；手中所持乐器亦颇多种类，计所见有如下条件：

鼓状 ⬭，以带系于项上，🔔腰鼓、笛、笙、琵琶筝 ◊📯（类外国harp）◣但无钹。其他则常有持日、月、宝珠及散花者。

总之飞仙的容貌仪态亦如佛像，有带浓重的异国色彩者，有后期表现中国神情美感者。前者身躯肥胖，权衡短促，服装简单，上身几全祖露，下裳则作印度式短裙，缠结于两腿间，粗陋丑俗。后者体态修长，风致娴雅，短衣长裙，衣褶简而有韵，肩带长而回绕，飘忽自如，的确能达到超尘的理想。

七　云冈石刻中装饰花纹及色彩

云冈石刻中的装饰花纹种类奇多，而十之八九，为外国传入的母题及表现。其中所示种种饰纹，全为希腊的来源，经波斯及健驮罗而输入者，尤其是回折的卷草，根本为西方花样之主干，而不见于中国周汉各饰纹中。但自此以后，竟成为中国花样之最普通者，虽经若干变化，其主要左右分枝回旋的原则，仍始终固定不改。

希腊所谓acanthus叶，本来颇复杂，云冈所见则比较简单：日人称为忍冬草，以后中国所有卷草，西番草，西番莲者，则全本源于回折的acanthus花纹。

"连环纹"的原则是每一环自成一组，与它组交结处，中间空隙，再填入小花样；初望之颇似汉时中国固有的绳纹，但绳纹的原则，与此大不相同，因绳纹多为两根盘结不断；以绳纹复杂交结的本身，作图案母题，不多借力于其它花样。而此种以三叶花为主的连环纹，则多见于波斯希腊雕饰。

佛教艺术中所最常见的莲瓣，最初无疑根源于希腊本草叶，而又演变而成为莲瓣者。但云冈石刻中所呈示的水草叶，则仍为希腊的本来面目，当是由健驮罗直接输入的装饰。同时佛座上所见的莲瓣，则当是从中印度随佛教所来，重要的宗教饰纹，其来历却又起源于希腊水草叶者。中国佛教艺术积渐发达，莲瓣因为带着象征意义，亦更兴盛，种种变化及应用，叠出不穷，而水草叶则几绝无仅有，不再出现了。

其它饰纹如璎珞（beads），花绳（garlands），及束苇（reeds）等，均为由健驮罗传入的希腊装饰无疑。但尖齿形之幕沿装饰，则绝非希腊式样，而与波斯锯齿饰或有关系。真正万字纹未见于云冈石刻中，偶有万字勾栏，其回纹与希腊万字，却绝不相同。水波纹亦偶见，当为中国固有影响。

以兽形为母题之雕饰，共有龙，凤，金翅鸟（Garuda），螭首，正面饕餮，狮子，这些除金翅鸟为中印度传入，狮子带着波斯色彩外，其余皆可说是中国本有的式样，而在刻法上略受西域影响的。

汉石刻砖纹及铜器上所表观的中国固有雕纹，种类不多，最主要的如雷纹，斜线纹，斜方格，斜方万字纹，直线或曲线的水波纹，绳纹，锯齿，乳箭头叶，半圆弧纹等，此外则多倚赖以鸟兽人物为母题的装饰，如青龙，白虎，饕餮，凤凰，朱雀及枝柯交纽的树，成列的人物车马，及打猎时奔窜的犬鹿兔豕等等。

对汉代或更早的遗物有相当认识者，见到云冈石刻的雕饰，实不能不惊诧北魏时期由外传入崭新花样的数量及势力！盖在花纹方面，西域所传入的式样，实可谓喧宾夺主，从此成为十数世纪以来，中国雕饰的主要渊源。继后唐宋及后代一切装饰花纹，均无疑义的，无例外的，由此展进演化而成。

色彩方面最难讨论，因石窟中所施彩画，全是经过后世的重修，伧俗得很。外壁悬崖小洞，因其残缺，大概停止修葺较早，所以现时所留色彩痕迹，当是较古的遗制，但恐怕绝不会是北魏原来面目。佛像多用朱，背光绿地；凸起花纹用红或青或绿。像身有无数小穴，或为后代施色时用以钉布布箔以涂丹青的。

八　窟前的附属建筑

论到石窟寺附属殿宇部分，我们得先承认，无论今日的石窟寺木构部分所给与我们的印象为若何；其布置及结构的规模为若何，欲因此而推断一千四百余年前初建时的规制，及历后逐渐增辟建造的程序，是个不可能的事。不过距开窟仅四五十年的文献，如《水经注》里边的记载，应当算是我们考据的最可靠材料，不得不先依其文句，细释而检讨点事实，来作参考。

《水经注》㶟水条里，虽无什么详细的描写，但原文简约清晰，亦非夸大之词。"凿石开山，因岩结构。真容巨壮，世法所希。山堂水殿，烟寺相望。林渊锦镜，缀目新眺。"关于云冈巨构，仅这四句简单的描述而已。这四句是个真实情形的简说。至今除却河流干涸，沙床已见外，这描写仍与事实相符，可见其中第三句"山堂水殿，烟寺相望"当也是即景说事。不过这句意义，亦可作两种解说。一个是：山和堂，水和殿，烟和寺，各各对望着，照此解释，则无疑的有"堂"，"殿"和"寺"的建筑存在，且所给的印象，是这些建筑物与自然相照对峙。必有相当壮丽，在云冈全景中，占据重要的位置的。

第二种解说，则是疑心上段"山堂水殿"句，为含着诗意的比喻，称颂自然形势的描写。简单说便是：据山为堂（已是事实），因水为殿的比喻式，描写"山而堂，水而殿"的意思，因为就形势看山崖临水，前面地方颇近迫，如果重视自然方面，则此说倒也逼切写真，但如此则建筑部分已是全景毫末，仅剩烟寺相望的"寺"，而这寺到底有多少是木造工程，则又不可得而知了。

《水经注》里这几段文字所以给我们附属木构殿宇的印象，明显的当然是在第三句上，但严格说，第一句里的"因岩结构"，却亦负有相当责任。观现今清制的木构，殿阁，尤其是由侧面看去，实令人感到"因岩结构"描写得恰当真切之至。这"结构"两字，实有不止限于山岩方面，而有注重于木造的意义蕴在里面。

现在在云冈的石佛寺木建殿宇，只限于中部第一，第二，第三大洞前面，山门及关帝庙右第二洞中线上。第一洞，第三洞，遂成全寺东西偏院的两阁，而各有其两厢配殿。因岩之天然形势，东西两阁的结构，高度，布置均不同。第二洞洞前正极高阁共四层，内中留井，周围如廊，沿梯上达于顶层，可平视佛颜。第一洞同之。第三洞则仅三层（洞中佛像亦较小许多），每层有楼廊通第二洞。但因二洞、三洞南北位置之不相同，使楼廊微作曲折，颇增加趣味。此外则第一洞西，有洞门通崖后，洞上有小廊阁。第二洞后崖上，有斗尖亭阁，在全寺的最高处。这些木建殿阁厢庑，依附岩前，左右关连，前后引申，成为一组；绿瓦巍峨，点缀于断崖林木间，遥望颇壮丽，但此寺已是云冈石崖一带现在惟一的木构部分，且完全为清代结构，不见前朝痕迹。近来即此清制楼阁，亦已开始残破，盖断崖前风雨侵凌，固剧于平原各地，木建损毁当亦较速。

关于清以前各时期中云冈木建部分到底若何，在雍正《朔平府志》中记载左云县云冈堡石佛寺古迹一段中，有若干可注意的之点。

《府志》里讲："规划甚宏，寺原十所：一曰同升，二曰灵光，三曰镇国，四曰护国，五曰崇福，六曰童子，七曰能仁，八曰华严，九曰天宫，十曰兜率。其中有元载所造石佛二十龛；石窟千孔，佛像万尊。由隋唐历宋元，楼阁层凌，树木翁郁，俨然为一方胜概。"这里的"寺原十所"的寺，因为明言数目，当然不是指洞而讲。"石佛二十龛"亦与现存诸洞数目相符。惟"元载所造"的"元"，令人颇不解。雍正《通志》同样句，却又稍稍不同，而曰"内有元时石佛二十龛"。这两处恐皆为"元魏时"所误。这十寺既不是以洞为单位计算的，则疑是以其他木构殿宇为单位而命名者。且"楼阁层凌，树木翁郁"，当时木构不止现今所余三座，亦恰如当日树木翁郁，与今之秃树枯干，荒凉景象，相形之下，不能同日而语了。

所谓"由隋唐历宋元"之说，当然只是极普通的述其历代相沿下来的意思。以地理论，大同朔平不属于宋，而是辽金地盘；但在时间上固无分别。且在雍正修《府志》时，辽金建筑本可仍然存在的。大同一城之内，辽金木建，至今尚存七八座之多。佛教盛时，如云冈这样重要的宗教中心，亦必有多少建设。所以府志中所写的"楼阁层凌"，或许还是辽金前后的遗建，至少我们由这府志里，只知道"其山最高处曰云冈，冈上建飞阁三重，阁前有世祖章皇帝（顺治）御书'西来第一山'五字及'康熙三十五年西征回銮幸寺赐'扁额，而未知其他建造工程。"而现今所存之殿阁，则又为乾嘉以后的建筑。

在实物方面，可作参考的材料的，有如下各点：

一，龙门石窟崖前，并无木建庙宇。

二，天龙山有一部分有清代木建，另有一部则有石刻门洞；楣，额，支柱，极为整齐。

三，敦煌石窟前面多有木廊，见于伯希和《敦煌图录》中。前年关于第一百三十洞前廊的年代问题有伯希和先生与思成通信讨论，登载本刊三卷四期，证明其建造年代为宋太平兴国五年的实物。第一百二十窟A的年代是宋开宝九年，较第一百三十洞又早四年。

四，云冈西部诸大洞，石质部分已天然剥削过半，地下沙石填高至佛膝或佛腰，洞前布置，石刻或木建，盖早已湮没不可考。

五，云冈中部第五至第九洞，尚留石刻门洞及支柱的遗痕，约略可辨当时整齐的布置。这几洞岂是与天龙山石刻门洞同一方法，不借力于木造的规制的。

六，云冈东部第三洞及中部第四洞崖面石上，均见排列的若干栓眼，即凿刻的小方孔，殆为安置木建上的椽子的位置。察其均整排列及每层距离，当推断其为与木构有关系的证据之一。

七，因云冈悬崖的形势，崖上高原与崖下河流的关系，原上的雨水沿崖而下，佛龛壁面不免频频被水冲毁。崖石崩坏堆积崖下，日久填高，底下原积的残碑断片，反倒受上面沙积的保护，或许有若干仍完整的安眠在地下，甘心作埋没英雄，这理至显，不料我们竟意外的得到一点对于这信心的实证。在我们游览云冈时，正遇中部石佛寺旁边，兴建云冈别墅之盛举，大动土木之后，建筑地上，放着初出土的一对石质柱础，式样奇古，刻法质朴，绝非近代物。不过孤证难成立，云冈岩前建筑问题，惟有等候于将来有程序的科学发掘了。

九　结　论

总观以上各项的观察所及，云冈石刻上所表现的建筑，佛像，飞仙及装饰花纹，给我们以下的结论。

云冈石窟所表现的建筑式样，大部为中国固有的方式，并未受外来多少影响，不但如此，且使外来物同化于中国，塔即其例。印度窣堵波方式，本大异于中国本来所有的建筑，及来到中国，当时仅在楼阁顶上，占一象征及装饰的部分，成为塔刹。至于希腊古典柱头如gonid order等虽然偶见，其实只成装饰上偶然变化的点缀，并无影响可说。惟有印度的圆栱（外周作宝珠形的），还比较的重要，但亦止是建筑部分的形式而已。如中部第八洞门廊大柱底下的高pedestal，本亦是西欧古典建筑的特征之一，既已传入中土，本可发达传布，影响及于中国柱础。孰知事实并不如是，隋唐以及后代柱础，均保守石质覆盆等扁圆形式，虽然偶有稍高的筒形，亦未见多用于后世。后来中国的种种基座，则恐全是由台基及须弥座演化出来的，与此种pedestal并无多少关系。

在结构原则上，云冈石刻中的中国建筑，确是明显表示其应用构架原则的。构架上主要部分，如支柱，阑额，斗栱，椽瓦，檐脊等，一一均应用如后代；其形式且均为后代同样部分的初型无疑。所以可以证明，在结构根本原则及形式上，中国建筑二千年来保持其独立性，不曾被外来影响所动摇。所谓受印度希腊影响者，实仅限于装饰雕刻两方面的。

佛像雕刻，本不是本篇注意所在，故亦不曾详细作比较研究而讨论之。但可就其最浅见的趣味派别及刀法，略为提到。佛像的容貌衣褶，在云冈一区中，有三种最明显的派别。

第一种是带着浓重的中印度色彩的，比较呆板僵定，刻法呈示在模仿方面的努力。佳者虽勇毅有劲，但缺乏任何韵趣，弱者则颇多伧丑。引人兴趣者，单是其古远的年代，而不是美术的本身。

第二种佛容修长，衣褶质实而流畅。弱者质朴庄严；佳者含笑超尘，美有余韵，气魄纯厚，精神栩栩，感人以超人的定，超神的动；艺术之最高成绩，荟萃于一痕一纹之间，任何刀削雕琢，平畅流丽，全不带烟火气。这种创造，纯为汉族本其固有美感趣味，在宗教艺术方面的发展。其精神与汉刻密切关联，与中印度佛像，反疏隔不同旨趣。

飞仙雕刻亦如佛像，有上面所述两大派别；一为模仿，以印度像为模型；一为创造，综合模仿所得经验，与汉族固有趣味及审美倾向，作新的尝试。

这两种时期距离并不甚远，可见汉族艺术家并未奴隶于模仿，而印度健驮罗刻像雕纹的影响，只作了汉族艺术家发挥天才的引火线。

云冈佛像还有一种，只是东部第三洞三巨像一例。这种佛像雕刻艺术，在精神方面乃大大退步，在技艺方面则加增谙熟繁巧，讲求柔和的曲线、圆滑的表面。这倾向是时代的，还是主刻者个人的，却难断定了。

装饰花纹在云冈所见，中外杂陈，但是外来者，数量超过原有者甚多。观察后代中国所熟见的装饰花纹，则此种外来的影响势力范围极广。殷周秦汉金石上的花纹，始终不能与之抗衡。

云冈石窟乃西域印度佛教艺术大规模侵入中国的实证。但观其结果，在建筑上并未动摇中国基本结构。在雕刻上只强烈的触动了中国雕刻艺术的新创造——其精神、气魄、格调，根本保持着中国固有的。而最后却在装饰花纹上，输给中国以大量的新题材，新变化，新刻法，散布流传直至今日，的确是个值得注意的现象。

和平礼物

在北京举行的亚洲及太平洋区域和平会议的繁重而又细致的筹备工作中，活跃着一个小小部分，那就是在准备着中国人民献给和平代表们的礼物，作为代表们回国以后的纪念品。经过艺术工作者们热烈的讨论、设计和选择，决定了四大种类礼物：

第一类是专为这次会议而设计的特别的纪念物两种：一是华丽而轻柔的丝质彩印头巾；一是充满节日气氛的刺绣和"平金"的女子坎肩。这两种礼物都有象征和平的图案；都是以飞翔

注：本文原载《新观察》1952 年 10 月第 11 期，当时亚洲及太平洋区域和平会议在北京召开，我国文学艺术工作者决定向答谢会赠送彩印头巾，刺绣和"平金"女子坎肩，景泰蓝镶嵌漆器以及精印画册，文学名著等礼物，林徽因应邀撰写此文。

的和平白鸽为主题；图案富于东方格调，色彩鲜明，极为别致。

第二类是道地的中国手工艺品，是出产在北京的几种特种手工艺品，如景泰蓝、镶嵌漆器、"花丝"银饰物、细工绝技的象牙刻字和桃花手绢等。

还有两类：一是各种精印画册；一是文学创作中的名著。画册包括年画集、民间剪纸窗花、敦煌古代壁画的复制画册和老画家与新画家的创作选集等。文学名著包括获得斯大林奖金的三部荣誉作品。

这些礼物中每一件都渗透和充满着中国人民对和平的真挚的愿望。由巨大丰富的画册，到小巧玲珑的银丝的和平鸽子胸针，到必须用放大镜照着看的象牙米粒雕刻的毕加索的和平鸽子，和鸽子四周的四国文字的"和平"字样，无一不是一种和平的呼声。这呼声似乎在说："和平代表们，珍重，珍重，纪念着你们这次团结争取和平的光荣会议，继续奋斗吧。不要忘记正在和平建设、拯救亚洲和世界和平的中国人民。看，我们辛勤劳动的一双双的手是永远愿为和平美好的生活服务的。不论我们是用笔墨写出的，颜色画出的，刀子刻出的，针线绣出的，或是用各种工艺材料制造的，它们都说明一个愿望：我们需要和平。代表们，把我们五亿人民保卫和平的意志传达给亚洲及太平洋各岸的你们祖国里的人民吧。"

　　我们选定了北京的手工艺品作为礼品的一部，也是有原因的。中国工艺的卓越的"功夫"，在世界上古今著名，但这还不是我们选择它的主要原因。我们选择它是因为解放以后，我们新图案设计的兴起，代表了我们新社会在艺术方面一股新生的力量。它在工艺方面正是剔除封建糟粕、恢复民族传统的一支文化生力军。这些似乎平凡的工艺品，每件都确是既代表我们的艺术传统，又代表我们蓬勃气象的创作。我们有很好的理由拿它们来送给为和平而奋斗的代表们。

　　这些礼品中的景泰蓝图案，有出自汉代刻玉纹样，有出自敦煌北魏藻井和隋唐边饰图案，也有出自宋锦草纹，明清彩瓷的。但这些都是经过融会贯通，要求达到体形和图案的统一性的。在体形方面，我们着重轮廓线的柔和优美和实用方面相结合，如台灯，如小圆盒都是经过用心处理的。在色彩方面，我们要对比活泼而设色调和，要取得华贵而安静的总效果，向敦煌传统看齐的。这些都是一反过去封建没落时期的繁琐、堆砌、不健康的工艺作风的。所以这些也说明了我们是努力发扬祖国艺术的幸福人民。我们渴望的就是和平的世界。

　　在景泰蓝制作期间，工人同志们的生产态度更说明了这问题。当他们知道了他们所承担的工作跟和平有关时，他们的情绪是那么高涨，他们以高度的热诚来对待他们手中那一系列繁重的掐丝、点蓝和打磨的工作。过去"慢工出细活"的思想，完全被"找窍门"的热情所代替。他们不断地缩短制作过程，又自动地加班和缩短午后的休息时间，提早完成了任务。

在瑞华等五个独立作坊中，由于工人们工作的积极和认真，使珐琅质地特别匀净，图案的线纹和颜色都非常准确。工人们说：我们的生活一天比一天美满，我们要保证我们的和平幸福生活，承制和平礼品是我们最光荣的任务。

当和平宾馆的工人们在一层楼一层楼地建筑上去的时候，这边景泰蓝的工人们也正在一个盒子、一个烟碟上点着珐琅或脚踏转轮，目不转晴地打磨着台灯座，心里也只存一个念头："是的，我们要过和平的日子。这些美丽的纪念品，无论它们是银丝胸针，还是螺钿漆盒；上面是安静的莲花，还是飞舞的鸽子；它们都是在这种酷爱和平的情绪下完成的。它们是'不简单'的；这些中国劳动人民所积累的智慧的结晶，今天为全世界人民光明的目的——和平而服务了。"

礼品中还应该特别详细介绍的是丝质彩印头巾的图案和刺绣坎肩的制作过程。头巾的图案本身，就有重要的历史意义。这个彩色图案是由敦煌千佛洞内，北魏时代天花上取来应用的。我们对它的内容只加以简单的变革，将内心主题改为和平鸽子后，它就完全适合于我们这次的特殊用途了。有意义的是：它上面的花纹就是一千多年前，亚洲几个民族在文化艺术上和平交流的记录；西周北魏的"忍冬叶"草纹就是古代西域伊兰语系民族送给我们的——来自中亚细亚的影响。中间的大莲花是我们邻邦印度民族在艺术图案上宝贵的赠礼。莲瓣花纹今天在我国的雕刻图案中已极普遍地应用着，我们的亚洲国家的代表们一定都会认出它们的来历的。这些花样里还有来自更遥远的希腊的，它们是通过波斯（伊朗）和印度的健驮罗而来到我国的。

这个图案在颜色上比如土黄、石绿、赭红和浅灰蓝等美妙的配合，也是受过许多外来影响之后，才在中国生根的。以这个图案作为保卫亚洲和世界和平的纪念物是再巧妙、再适当没有的。三位女青年工作同志赶完了这个细致的图样之后，兴奋得说不出话来。她们曾愉快地做过许多临摹工作。但这次向着这样光荣的目的赶任务，使她们感到像做了和平战士一样的骄傲。

在刺绣坎肩制作过程中，由镶边到配色都是工人和艺术工作者集体创造的记录。永合成衣铺内，两位女工同志和四位男工同志，都是热情高涨地用尽一切力量，为和平礼品工作。他们用套裁方法，节省下材料，增产了八件成品。在二十天的工作中，他们每天都是由早晨七点工作至夜深十二点。只有一次因为等衣料，工作中断过两小时。参加这次工作的刺绣业工作者共有十七家独立生产户，原来每日十小时的工作都增至十四至十六小时，共完成了二百十六只鸽子。绣工和金线平金都做得非常整齐。这一百零八件坎肩因不同绣边，不同颜色的处理，每一件都不同而又都够得上称为一件优秀的艺术品。三年来我们欢庆节日正要求有像这一类美丽服装的点缀，青年男女披上金绣彩边的坎肩会特别显出东方民族的色彩。但更有意思的是世界上许多国家的男女都用绣花坎肩，如西班牙、匈牙利与罗马尼亚等；此外在我国的西南与西北，男子们也常穿革制背心，上面也有图案。

和平战士们，请接受这份小小的和平礼品吧，这是中国劳动人民送给你们的一点小小的纪念品。

达·芬奇——具有伟大远见的建筑工程师

　　《最后的晚餐》和《蒙娜丽莎》像，这两幅文艺复兴全盛时期的名画，是每一个艺术学生所认识的杰作，因此每一个艺术学生都熟识它们的作者——伟大的辽奥纳多·达·芬奇的名字。他不但是杰出的艺术家，而且是杰出的科学家。

注：原载 1952 年 5 月 3 日《人民日报》。1951 年 11 月世界和平理事会通过了全国人民要在 1952 年纪念阿维森纳诞生一千周年，达·芬奇诞生五百周年，雨果诞生一百五十周年，果戈理逝世一百周年的决议。1952 年 5 月 4 日，中国人民保卫世界和平委员会、中华全国文学艺术界联合会、中华全国自然科学专门学会联合会、中华全国科学技术普及协会等七个团体，在中南海怀仁堂举行纪念世界四大文化名人大会，《人民日报》发表《为保卫人类文化的优秀传统而斗争》，纪念上述几位伟人。梁、林二位应邀写成此文，先在《人民日报》上发表，署名：梁思成，林徽因。

达·芬奇青年时期的环境是意大利手工业生产最旺盛的文化发达的佛罗伦萨，他居留过十余年的米兰是以制造钢铁器和丝织著名的工业大城。从早年起，对于任何工作，达·芬奇就是不断地在自然现象中寻找规律，要在实践中认识真理，提高人的力量来克服自然，使它为生活服务。他反对当时教会的迷信愚昧，也反对当时学究们的抽象空洞的推论。他认为"不从实验中产生的科学都是空的、错误的；实验是一切真实性的源泉"，并说："只会实行而没有科学的人，正如水手航海而没有舵和指南针一样。实践必须永远以健全的理论为基础。"他一生的工作都是依据了这样的见解而进行的。

关于达·芬奇在艺术和自然科学方面的贡献，已有很多专文，本文只着重介绍他在土木工程和建筑范围内所进行的活动和所主张的方向。

在建筑方面，达·芬奇同他的前后时代大名鼎鼎的建筑师们是不相同的。虽然他的名字常同文艺复兴大建筑师们相提并列，但他并没有一个作品如教堂或大厦之类留存到今天（除却一处在法国布洛阿宫尚无法证实而非常独特的螺旋楼梯之外）。

不但如此，研究他的史料的人都还知道他的许多设计，几乎每个都不曾被采用；而部分接受他的意见的工程，今天或已不存在或无确证可以证明哪一部分曾用过他的设计或建议的。

但是他在工程和建筑方面的实际影响又是不可否认的。

在他同时代和较晚的纪录上，他的建筑师地位总是受到公认的。这问题在哪里呢？在于他的建筑上和工程上的见解，和他的其它许多贡献一样，是远远地走在时代的前面的先驱者的远见。他的许多计划之所以不能实现，正是因为它们远远超过了那时代的社会制度和意识，超过了当时意大利封建统治者的短视和自私自利的要求，为他们所不信任，所忽视或阻挠。当时的许多建筑设计，由指派建筑师到选择和决定，大都是操在封建贵族手中的。而在同行之间，由于达·芬奇参加监修许多的工程和竞选过设计，且做过无数草图和建议，他的杰出的理论和方法，独创的发明，就都传播了很大的影响。

达·芬奇是在画师门下学习绘画的，但当时的画师常擅长雕刻，并且或能刻石，或能铸铜，又常须同建筑师密切合作，自己多半也都是能作建筑设计的建筑师。他们都是一切能自己动手的匠师。

在这样的时代里成长的达·芬奇，他的才艺的多面性本不足惊奇，可异的是在每一部分的工作中，他的深入的理解和全面性的发展都是他的后代在数十年的乃至数世纪中，汇集了无数人的智慧才逐渐达到的。而他却早就有远见地、勇敢地摸索前进，不断地研究、尝试和计划过。

达·芬奇对建筑工程的理解是超过一般人局限于单座建筑物的形式部署和建造的。虽然在达·芬奇的时代，最主要建筑活动是设计穹窿顶的大教堂和公侯的府邸等，以艺术的布局和形式为重点，且以雕石、刻像的富丽装潢为主要工作；但达·芬奇所草拟过的建筑工程领域却远超过这个狭隘的范围。

他除了参加竞赛设计过教堂建筑，如米兰和帕维亚大教堂、佛罗伦萨的圣罗伦索的立面等；监修过米兰的堡垒和公爵府内部；设计并负责修造过小纪念室和避暑庄园中小亭子之外，他所自动提出的建筑设计的范围极广，种类很多，且主要都是以改善生活为目标的。例如他尽心地设计改善卫生的公厕和马厩；设计并详尽地绘制了后来在荷兰才普遍的水力风车的碾房的图样；他建议设计大量标准工人住宅；他做了一个志在消除拥挤和不卫生环境的庞大的米兰城改建的计划，他曾设计并监修过好几处的水利工程、灌溉水道，最重要的，如佛罗伦萨和比萨之间的运河。他为阿尔诺河绘制过美丽而详细的地图，建议控制河的上下游，以便利许多可以利用水力作为发动力的工业；他充满信心地认为这是可以同时繁荣沿河几个城市的计划。这个策划正是今天最进步的计划经济中的"区域计划"的先声。

都市计划和区域计划都是达·芬奇去世四百多年以后，二十世纪的人们才提出解决的建筑问题。他的计划就是在现在也只有在先进的社会主义国家里才有力量认真实行和发展的。

在十五六世纪的年代里，他的一切建筑工程计划或不被采用，或因得不到足够和普遍的支持，半途而废，是可以理解的。但达·芬奇一生并不因计划受挫，或没有实行，而失掉追求真理和不断作理智策划的勇气。直到他的晚年，在逝世以前，他在法国还做了鲁尔河和宋河间运河的计划，且目的在灌溉、航运、水力三方面的利益。对于改造自然，和平建设，他是具有无比信心的。

达·芬奇的都市计划的内容中，项目和方向都是正确的，它是由实际出发，解决最基本的问题的。虽受当时的社会制度和条件的限制，但主要是要消除城市的拥挤所造成的疾病、不卫生、不安宁和不愉快的环境。

公元一四八四至一四八六年间米兰鼠疫猖狂的教训，使他草拟了他的改建米兰的计划。达·芬奇大胆地将米兰分划为若干区，为减少人口的密度，喧哗嘈杂，疾病的传播，恶劣的气味，和其它不卫生情形，他建议建造十个城区，每城区房屋五千，人口三万。

他建议把城市建置在河岸或海边，以便设置排泄污水垃圾的暗沟系统，利用流水冲洗一切脏垢到河内。

　　他建议设置街巷上的排水明沟和暗沟衔接，以免积存雨水和污物；建造规格化的工人住宅，建造公厕，改革市民的不卫生的习惯，注意烟囱的构造，将烟和臭气驱逐出城；且为保证市内空气和阳光，街道的宽度和房屋的高度要有一定的比例。

　　在十五世纪、十六世纪间，都市建设的重点在防御工程，城市的本身往往被视为次要的附属品，达·芬奇生在意大利各城市时常受到统治者之间争夺战威胁的时代，他的职务很多次都是监修堡垒，加固防御工程，但他所关心的却是城市本身和平居民的生活。但当时愚昧自私的卢多维柯是充耳不闻，无心接受这种建议的。

　　对于建筑工业的发展方向，达·芬奇也有预见。近代的"预制房屋"，他就曾做过类似的建议。当他在法国乡镇的时候，木材是那里主要的建筑材料，因为是夏天行宫所在，有大量房屋的需要，他曾建议建造可移动的房屋，各部分先在城市作坊中预制，可以运至任何地点随时很快地制置起来。

　　达·芬奇的"区域计划"的例子，是修建佛罗伦萨和比萨之间的运河。他估计到这个水利工程可以繁荣那一带好几个城镇，如普拉图，皮斯托亚，比萨，佛罗伦萨本身，乃至于卢卡。他相信那是可以促进许多工业生产的措施，因此他不但向地方行政负责方面建议，同时他也劝告工商行会给予支持。尤其是毛织业行会，它是佛罗伦萨最主要工业之一。

达·芬奇认为还有许许多多手工业作坊都可以沿河建置，以利用水的动力，如碾坊、丝织业作坊、窑业作坊、镕铁、磨刀、做纸等作坊。他还特别提到纺丝可以给上百的女工以职业。用他自己的话说："如果我们能控制阿尔诺河的上下游，每个人，如果他要的话，在每一公顷的土地上都可以得到珍宝。"他曾因运河中段地区有一处地势高起，设计过在不同高度的水平上航行的工程计划。

十六世纪的传记家伐莎利说，达·芬奇每天都在制图或作模型，说明如何容易地可以移山开河！这正说明这位天才工程师是如何地确信人的力量能克服自然，为更美好的生活服务。这就是我们争取和平的人们要向他学习的精神。

此外，达·芬奇对个别建筑工程见解的正确性也应该充分提到。他在建筑的体形组织的艺术性风格之外，还有意识地着重建筑工程上两个要素。一是工具效率对于完善工程的重要；一是建筑的坚固和康健必须依赖自然科学知识的充实。这是多么正确和进步的见解。

关于工具的重视，例如他在米兰的初期，正在作斯佛尔查铜像时，每日可以在楼上望见正在建造而永远无法完工的米兰大教堂，他注意到工人搬移石像、起运石柱的费力，也注意到他们木工用具效率之低，于是时常在他手稿上设计许多工具的图样，如掘地基和起石头的器具，铲子、锥子、搬土的手推车等等。

十多年后，当他监修运河工程时，他观察到工人每挖一铲土所需要的动作次数，计算每工两天所能挖的土方。他自己设计了一种用牛力的挖土升降机，计算它每日上下次数和人工作了比较。这种以精确数字计算效率是到了近代才应用的方法，当时达·芬奇却已了解它在工程中的重要了。

关于工程和建筑的关系，他对于建筑工程的看法可以从他给米兰大教堂负责人的信中一段来代表他的见解。信中说："就如同医生和护士需要知道人的生命和健康的性质，知道各种因素之平衡与和谐保持了人的生命和健康，或是各种因素之不和谐危害并毁灭它们一样……同样的，这个有病的教堂也需要这一切，它需要一个'医生建筑师'，他懂得一个建筑物的性质，懂得正确建造方法所须遵守的法则，以及这些法则的来源与类别，和使一座建筑物存在并能永久的原因。"他是这样地重视"医生建筑师"，而所谓"医生建筑师"的任务则是他那不倦地追求自然规律的精神。

在建筑的艺术作风方面，达·芬奇是在"哥特"建筑末期，古典建筑重新被发现被采用的时代，他的设计是很自然地把哥特结构的基础和古典风格相结合。他的作风因此非常近似于拜占廷式的特征——那个古典建筑和穹窿顶结合所产生的格式，以小型的穹窿顶衬托中心特大的穹窿圆顶。

在豪放和装饰性方面，达·芬奇所倾向的风格都不是古罗马所曾有，也不同于后来文艺复兴的典型作风。例如他在米兰教堂和帕维亚教堂的设计中所拟的许多稿图，把各种可能的结合和变化都尝试了。他强调正十字形的平面，所谓"希腊十字形"，而避免前部较长的"拉丁十字形"的平面。他明白正十字形平面更适合于穹窿顶的应用，无论从任何一面都可以瞻望教堂全部的完整性，不致被较长的一部所破坏。今天罗马圣彼得教堂就是因前部的过分扩充而受到损失的。达·芬奇在教堂设计的风格上，显示出他对体形组织也是极端敏感并追求完美的。

至于他的幻想力的充沛，对结构原理的谙熟，就表现在戏剧布景、庆贺的会场布置和庭园部署等方面。他所做过的卓越的设计，许多曾是他所独创，而且是引导出后代设计的新发展。如果在法国布洛阿宫中的螺旋楼梯确是他所设计，我们更可以看出他对于螺旋结构的兴趣和他的特殊的作风；但因证据不足，我们不能这样断定。他在当时就设计过一个铁桥，而铁桥是到了十八世纪末叶在英国才能够初次出现。凡此种种都说明他是一个建筑和工程的天才；建筑工程界的先进的巨人。

　　和他的许多方面一样，达·芬奇在建筑工程的领域中，有着极广的知识和独到的才能。不断观察自然、克服自然、永有创造的信心，是他一贯的精神。他的理想和工作是人类文化的宝藏。这也就足以说明为什么在今天争取和平的世界里，我们要热烈地纪念他。

《中国营造学社汇刊》第七卷第二期编辑后语

刘敦桢先生原定作《川康之汉阙》一文，因事未及完稿，本期改刊《云南之塔幢》。文中插图由梁思成、莫宗江两先生绘制。

关于国内之清真寺建筑，本社多年以来均予以特殊注意；但本刊以往则向未刊载。刘致平先生将其近年来搜集资料及研究所得，初次编撰，兹在本期发表。各地清真寺仍将陆续研究。

注：原载《中国营造学社汇刊》第七卷2期，题名："编辑后语"，未署名。那是《汇刊》最后一期，由林徽因主编，故本书收入此稿。

莫宗江先生所述榆次永寿寺宋大中祥符元年建之雨华宫，在本社所知国内现存古代木构中，年代居第四位。殿身虽非宏大，而结构精简，有特殊艺术价值。七七前夕，曾由莫先生实测，兹特制图分析，详为介绍。

本社社员美国费慰梅女士（Wilma Falrbank），哈佛教授费正清博士（Dr.John K.Fairbank）之夫人，好绘艺，战时在美国国务院主持对华文化联络事业，现任美国驻华大使馆文化联络专员。夫人曾留华多年，战前屡访古河朔。曾依武氏祠画像各石图案，归复祠屋原状，为关于武氏祠建筑研究之重要贡献。原文刊载一九四一年三月《哈佛亚洲研究集刊》（Harvard Journal of Asiatic Studies）第六卷第一期。兹由王世襄先生译为中文，经林徽因先生校对，转载本刊。

战后复员时期，房屋将为民生问题中重要问题之一。兹由林徽因先生汇集英美最近实验建置若干种，分析介绍于本刊。

《中国建筑之两部"文法课文"》乃梁思成先生为同济大学三十六周年纪念《工学院特刊》所作，兹加制插图转载于此。

本社每年举办之桂辛奖学金图案竞赛，成绩均佳。兹将三十三年度"农场"中选图案，附刊本期汇刊，以资纪念与鼓励。

梁思成先生原拟作《中国古画中之建筑与家具》一文，因赴渝参加教育部战区文物保存委员会工作，未能属稿，本期不及刊载。

本期页次，因来稿与印刷时间参差关系，致未能顺次赓续排列，页数均每文各自编排，读者阅时不便，尚希原谅。

拟制国徽图案说明

拟制国徽图案以一个璧（或瑗）为主体：以国名、五星、齿轮、嘉禾为主要题材；以红绶穿瑗的结衬托而成图案的整体。也可以说，上部的璧及璧上的文字，中心的金星齿轮，组织略成汉镜的样式，旁用嘉禾环抱，下面以红色组绶穿瑗为结束。颜色用金、玉、红三色。

璧是我国古代最隆重的礼品。《周礼》："以苍璧礼天。"《说文》："瑗，大孔璧也。"这个璧是大孔的，所以也可以说是一个瑗。《荀子·大略篇》说"召人以瑗"，瑗召全国人民，象征统一。璧或瑗都是玉制的，玉性温和，象征和平。璧上浅雕卷草花纹为地，是采用唐代卷草的样式。国名字体用汉八分书，金色。

大小五颗金星是采用国旗上的五星，金色齿轮代表工，金色嘉禾代表农。这三种母题都是中国传统艺术里所未有的。不过汉镜中有（齿）形的弧纹，与齿纹略似，所以作为齿轮，用在相同的地位上。汉镜中心常有四瓣的钮，本图案则作成五角的大星；汉镜上常用小粒的"乳"，小五角星也是"乳"的变形。全部作成镜形，以象征光明。嘉禾抱着璧的两侧，缀以红绶。红色象征革命。红绶穿过小瑗的孔成一个结，象征革命人民的大团结。红绶和绶结所采用的褶皱样式是南北朝造象上所常见的风格，不是西洋系统的缎带结之类。设计人在本图案里尽量地采用了中国数千年艺术的传统，以表现我们的民族文化；同时努力将象征新民主主义中国政权的新母题配合，求其由古代传统的基础上发展出新的图案；颜色仅用金、玉、红三色；目的在求其形成一个庄严重典雅而不浮夸不艳俗的图案，以表示中国新旧文化之继续与调和，是否差强达到这目的，是要请求指示批评的。

这个图案无论用彩色，单色，或做成浮雕，都是适用的。

这只是一幅草图，若蒙核准采纳，当即绘成放大的准确详细的正式彩色图、墨线详图和一个浮雕模型呈阅。

集体设计
林徽因　雕饰学教授，做中国建筑的研究

莫宗江 雕饰学教授，做中国建筑的研究

参加技术意见者

邓以蛰 中国美术史教授

王 逊 工艺史教授

高 庄 雕塑教授

梁思成 中国雕塑史教授，做中国建筑的研究

一九四九年十月二十三日

一九四九年十月，林徽因等设计的中华
人民共和国国徽方案（上）

一九五〇年六月十七日，清华大学营建
系提交的中华人民共和国国徽方案（中）

中华人民共和国国徽方案（下）

景泰蓝新图样设计

工作一年总结

一、我们如何接受了新图样设计工作

北京特种工艺（包括景泰蓝，烧瓷，雕漆，挑补花，地毯，象牙玉石雕刻，绒绢纸花，料器等十余种行业）在过去一向是受压迫行业的艺术。在经济上先是仰赖封建阶级的"恩赐"，后来则呻吟在中间商人，买办，和帝国主义"洋商"的剥削下，勉强维持。作为一种艺术活动，它们也是被压迫的，受尽屈辱的。这主要表现在图样方面的循规蹈矩，师守成法，偏向无原则的繁琐工巧。——工匠师傅们虽然尽了最大努力制

注：本文是清华大学营建系在一次会议上的报告摘要，刊于 1951 年 8 月 13 日《光明日报》上，原署名"清华大学营建系"，后经清华大学楼庆西教授考订，本文著者为林徽因。

作出一些高度精致工细的作品，但是他们没有能够发挥出他们真正的创造力。

北京特种工艺风格繁琐呆板的原因是北京特种工艺在满清时代是用来装点少数封建贵族的生活的，是为了迎合日趋没落的封建贵族的堕落思想和感情来制作的。在帝国主义侵入中国以后，北京特种工艺被帝国主义的殖民者喜爱。他们把中国看作不文明，稀奇古怪。他们也就把北京特种工艺当作不文明和稀奇古怪的代表，并且更进一步鼓励往稀奇古怪的方向发展。这样也就使北京特种手工艺更脱离了人民和我国原有的健康传统，主要地变成了外销商品。

仰赖外销，经济上的不能自主是随着北京特种工艺的堕落的宫廷风格而来的，而又成为北京特种工艺品质低落的原因。

这种情况到北京解放以后开始有了本质上的变化。在去年六月公营北京特种工艺公司成立以后，这个变化已经非常具体了。去年下半年抗美援朝运动开始了，更针对美帝的封锁，展开了对美帝的经济斗争，直到今天，北京特种工艺在各级政府的领导下，尤其在北京特种工艺公司的具体领导下，已经完全走上了自主地发展的道路。

新图样设计的目的，是为了配合全面地争取自主地发展的工作。所以新图样设计工作的中心任务就是同封建主义的，帝国主义的，买办的残余影响，不良作风进行斗争。

去年六月，北京特种工艺公司初成立时，同清华大学营建系服务部研讨了新图样设计和改良图案的问题。清华同人也愿意把过去曾进行过的景泰蓝新图样设计的尝试性的工作，变成一件正式的有组织有计划的工作，所以便接受了公司的委托。在过去这一年的工作中，我们深深体验到，如果没有北京特种工艺公司的领导，不同公司领导的其他方面的工作，尤其是经济上的翻身运动结合起来，新图样设计的展开是不可能的；不同全国整个政治形势，经济形势的发展配合起来，新图样设计工作的展开更是不可能的。

二、我们如何进行新图样设计工作

我们的设计总的方向是为了产生新中国的新的人民工艺而努力。这个新的人民工艺必须是民族的，科学的，大众的。

所谓民族的就是要表现出我们民族风格的伟大的丰富的内容。旧日景泰蓝中有模仿日本七宝烧的。例如装饰杂花的萝葡瓶，花纹胎形和色彩都是日本作风。这是我们坚决反对的。我们还反对，例如象牙雕刻中的半裸体美人，或林黛玉式的病美人，那是低级的庸俗的。我们还反对一向因袭保守满清末年西太后时代的繁琐杂乱，病弱无力的古怪作风。因为那不是我们民族传统中好的一部分，那不是我们的优良传统。我们要求承继优良的传统，而且不只是承继，我们还要求发展出新的民族工艺。它们必须是民族的，而更重要的是它们必须是今天的。

所谓科学的至少包括两点：（1）新图样的设计必须从技术和材料出发。设计一定要充分利用技术和材料上的特长方便，一定要避重就轻，使一定的技术和材料在它的限制之内充分发挥它的长处回避了它的短处，这样才能使设计出来的东西可以省工省料。（2）设计的东西要合于使用，便于使用，并且牢固耐久。反对过去有闲者嗜好的单纯小摆设。

所谓大众的就是我们必须照顾到大众的购买力。从简化图案和尽量利用制造时避重就轻的办法，求其省工省料。当然，工厂中能同时改进技术和改善经营方式，使减低成本那就更好了。设计小件的器皿也是适应大众购买力的一种办法。此外，工艺品有实用价值时，购买的兴趣也可以提高的。大众化另一个主要的部是如何适应群众的喜好，这个问题也就是如何向群众学习，了解群众的爱好习惯的问题。设计不能完全从个人出发，但是也不能成为群众的尾巴，例如七宝烧作风的景泰蓝和象牙雕刻的半裸体美人等即使有销路也是错误的。

以上所说是我们工作总的方向。概括的说便是我们设计的目标，是产生好看，好用，省工，省料的工艺品。

我们实际工作时就是基于这些原则，从以下三方面进行景泰蓝的设计的：

一、我们对于景泰蓝的制作技术和釉料性质本来一无所知，我们的设计过程就成为我们的学习过程。过去指导我们最多的是作坊中一些老师傅们。现在公司正式成立了实验工厂使我们有了更好的学习机会。一些有关技术和材料的初步的基本的常识我们已经摸着了一点门路。

二、为了适于实用，为了适应一般市场购买力，我们尽量设计小件而有用的东西。但是景泰蓝因材料的限制，实用的范围较狭。铜胎不宜于装水，甚至作为可能被溅上水的器物也不合适。所以花瓶，饮食用具都是不可能尝试的。结果我们所设计的大都是台灯和烟具。但是我们也发现有一种很简单的东西在使用上是变化多端的，就是有盖的小罐和小盒。罐盒之类可以用来装纽扣，针线，邮票，糖果，首饰等等，是一种能够适应多种不同场合不同生活的方便的容器。我们时时刻刻在思索着扩大景泰蓝的使用范围。将来在制作技术上，在原料获得改善时，这个问题当比较容易解决。至于在目前，客观事实既然限制着我们，那么在一定的客观限制之下尽量采取解决問题的方法正是设计者的主要任务之一。

最近我们也曾设计了几件装饰性的大件东西。那是为了公司参加各地展览会，以便有效的介绍北京特种工艺。此外更因为我们时常有国际性的友谊馈赠，也需要一些比较庄重富丽的大件。所以今春以来，我们偏重于设计一尺左右的大件。

三、关于新图样设计中最使朋友们关心的问题便是花纹图样，美的表现的处理问题。在这一问题上我们必须说明七点：

1. 新图样设计并不是单纯设计花纹。——一件好看的东西，除了花纹好看以外，还要形体好看，颜色好看，而且要三者配合得好看。新图样设计必须同时包括这三个因素，要把三个因素联系在一起考虑才能进行设计。新图样设计决不是仅只拟出了一种新颖的花纹。花纹不是一个虚空的花纹，它必须附着在一定的形体上，和这个形体有不可分的有机关系。它必须具有一定的色彩的光泽。色彩光泽是花纹的具体的形象上的内容。我们要求三者：花纹，形体，颜色的统一的效果。所以把同一花纹随意变换它的颜色，或者随意搬家，从瓶子上搬到碟子上，而不经过慎重的考虑，都是不妥当的。

2. 花纹形体和颜色统一的一致的效果。——我们要求一件器物，一眼望过去就产生单纯的完整的明朗的印象。与单纯完整明朗的效果相反的便是我们在前面所说过的满清末年以来的旧作风。旧作风的景泰蓝，形体是病态的软弱无力的，甚至畸形的，稀奇古怪的。花纹是繁琐的零碎的，颜色是五颜六色的，杂乱无章的。三者在一起既不统一，也不完整，而是互相扰乱。

3. 新图样设计中花纹是最次要的考虑。——我们的设计在形体的决定上选择一些健康、挺拔、有生气、有气概的形体。颜色方面时常利用鲜明的对比色或近似的接近色。花纹只是界割颜色，分布颜色，陪衬着形体，呼应着形体，加强形体的装饰性的手段。所以我们的设计往往是以形体为第一位的，首要的、有决定性的因素加以考虑的，其次是颜色，最后才是花纹。

4. 新图样设计反对花纹的繁琐零碎，并不笼统的反对丝工的精细。——对于旧作风的景泰蓝，有人往往只注意到花纹的繁琐零碎，而赞美其精致工细。这是片面的看法。精致工细，单纯从技术上看，我们工匠师傅的技术水平是达到了惊人的高度。但是作得细致并不等于好看，就如涂脂抹粉，描眉勾鬓的并不一定就是美人。一件非常丑怪的东西也可以作得非常细致。而且往往过分的装扮恰恰就变成了丑怪。盲目的追求精致工细是没有意义的，而且是一种浪费。而且这正是过去封建统治者扼杀我们创造力，压迫我们，窒息我们的发展的手段。以无限制的浪费人工材料为美的标准是腐朽的残暴的封建主义的特征之一。

我们并不一般的，笼统的反对作工的讲究，尤其是丝工的讲究。而且相反，我们要求，绝对要求作工的准确，认真，严格，一丝不苟。我们反对产生繁琐零碎效果的精致工细，并不是主张偷工减料的粗糙马虎。

过去的景泰蓝，例如大家一向推崇的乾隆时代的景泰蓝，是只宜于近看的，因为唯有拿在手中仔细端详才能看出丝工的精细。但在配色上，不调和的居绝大一部分。丝工的精细是景泰蓝唯一可以值得欣赏的。但是今天，虽然我们也要求新的景泰蓝仍是可以近看的，近看仍可以欣赏其作工的严谨准确，但是丝工的严谨准确不必是细碎繁琐。而同时，更重要的是必须也宜于远看。不必拿在手中，远远摆在桌上就非常触目，引人注意。这样就必须要把它产生单纯完整明朗的印象，如前面第二点所说的。

5. 在我们的设计中，若单纯花纹来说，我们会尽量利用古代花纹图案的精华。把古代工艺家的杰作作为我们组织花纹的借鉴。在选择了一种古代花纹的时候，我们先进行分析研究，总结出它的规律。根据它特有的规律，例如虚实相间的规律，疏密对比的规律，曲线重复应用的规律等，然后把它重新组织到一个新的形体上去，给它一个新的安排。通过今天景泰蓝的材料与新技术，让古代工艺的精美成就重新再出现一次。大家看了今天的景泰蓝还能联想到，认识到我们的老祖先的创造力的杰出的智慧。这不是单纯的仿古，因为它们是重新组织过了，并且充分发挥着景泰蓝材料和技术的特有性能。

在景泰蓝的新图样设计中，我们是作着各式各样的试验。最初我们主要的借鉴于古代铜器花纹。因为我们对于景泰蓝最初只认识到它的庄重端丽，风格上和铜器相似。经过一年来的试验，我们发现景泰蓝的表现能力很强。它可以表现出很多种其他的材料所能表现出的风格。景泰蓝能产生古玉的温润的半透明的效果，也能够有宋瓷的自然活泼，锦缎的富丽，甚至京剧的面谱也给我们以启发。我们曾利用过建筑彩画的手法，战国金银错的手法，唐宋以来乌木或黑漆镶嵌的手法。尤其今春，敦煌文物展览开幕以来，敦煌艺术宝库的丰富内容更供给我们大批材料。结合着这个展览，结合着爱国主义教育，同时为了推动借鉴古人以创造新艺术的运动，我们吸收敦煌图案来设计了景泰蓝，并且也试验带画烧瓷，使烧瓷也表现活泼生动的新风格。

6. 因为我们的试验是各式各样的。所以设计出来的东西的风格也是各式各样的。尽管还不够多，而已经有了变化过多的感觉。然而这正是我们的目的。我们的目的就是多样和变化，以尝试着开辟新的道路。我们要求新，然而不离开传统的基础。我们需要从传统出发，然而我们不作死板的抄袭和机械的模仿。完全的新创或完全是机械的抄袭模仿都不能解决今天新工艺的问题。

7. 景泰蓝的新图样设计到今天还说不上有什么成绩。但是已经起了一些作用。

在消极方面，新图样的出现消灭了许多顾虑。例如顾虑没有人要，顾虑会增加成本等，现在大体上已经不存在了。

在积极方面，第一起了教育作用，有人认为中国花纹只有龙和凤。有一位眼光狭隘的领导干部在北京特种工艺公司参观，竟认为新图样的景泰蓝不是中国花纹。那么，这些景泰蓝，恰可以扩大一部分人的眼界，进行了爱国主义的教育。第二新图样的景泰蓝已经带动了工厂作坊中的工匠师傅。他们不仅要求供给新图样，在仿制新图样，而且也在创造新图样。这个现象是值得欢迎的，掌握了技术的师傅们积极起来为景泰蓝的新生命而努力，制作和设计的密切结合是中国工艺的优良传统，也是将来新工艺发展的必然的途径。

三、我们工作的检讨

我们工作的方针和经过大致如上所说。这些方针中间也许还存在着许多问题，甚至可能有不正确的地方。同时我们所设计出来的东西还存着许多缺点。失败的，考虑得不够成熟的，违反我们自己所提出的方针原则的，都有一些例子。（中略）我们诚恳的希望大家多提意见，帮助我们改进。并且今后大家一齐团结在北京特种工艺公司周围，共同为开展新图样设计工作而奋斗，为发展新中国的新的人民工艺而奋斗。